4年生のふく習 ①

時　分

時　分

月　日　名前

1 次の数を数字で書きましょう。 〔1問　5点〕

① 六百十五億三千九百五万　（　　　）

② 八百二十兆二百十億二千百万　（　　　）

2 次の仮分数（かぶんすう）を帯分数か整数になおしましょう。 〔1問　5点〕

① $\frac{9}{4}=$ □　　② $\frac{21}{7}=$ □

3 □にあてはまる数を書きましょう。 〔1問　5点〕

① 4.8は，0.1を □ 集めた数です。

② 2と，0.01を7つあわせた数は □ です。

③ 0.001を88集めた数は □ です。

4 下の図の□の部分の面積は何m²ですか。 〔15点〕

式

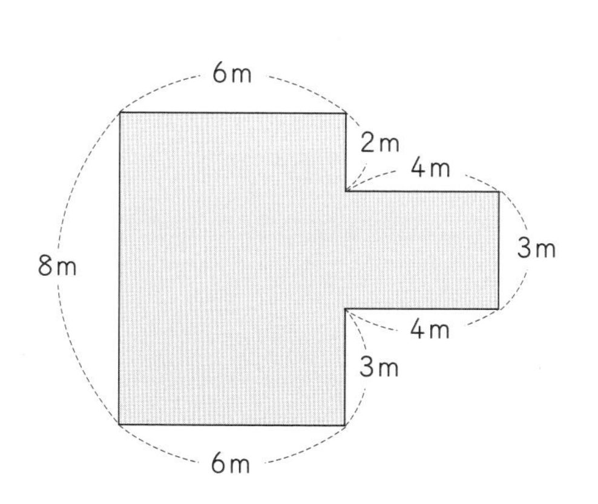

答え（　　　）

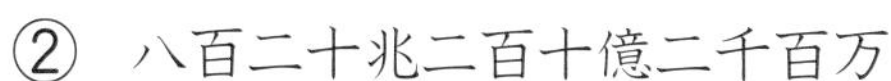

5 下の図は，２まいの三角じょうぎを組み合わせた図です。㋐の角度は何度ですか。

〔10点〕

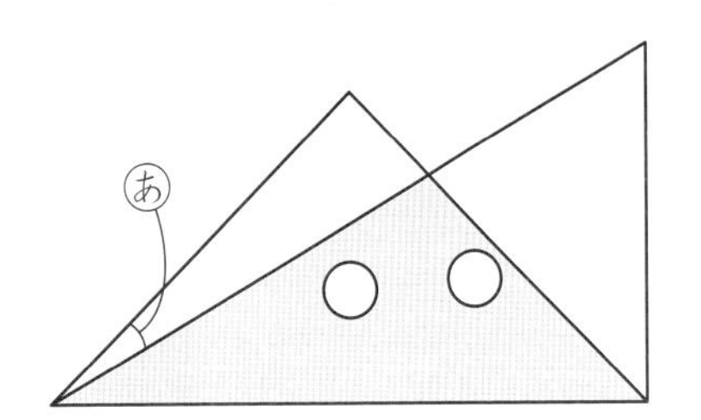

式

答え（　　　　　　）

6 下の図の四角形について，①，②にあてはまる四角形を，㋐〜㋔の記号で全部答えましょう。

〔1問　全部できて10点〕

㋐(正方形)

㋑(長方形)

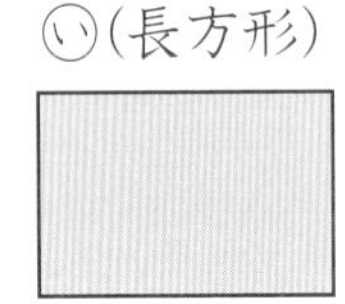

㋒(台形)

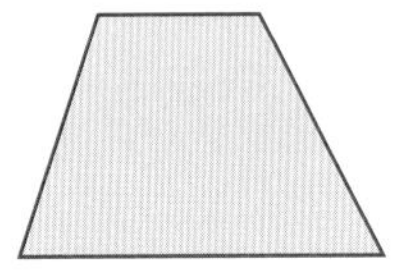

㋓(平行四辺形)

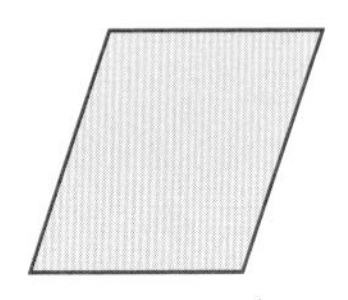

㋔(ひし形)

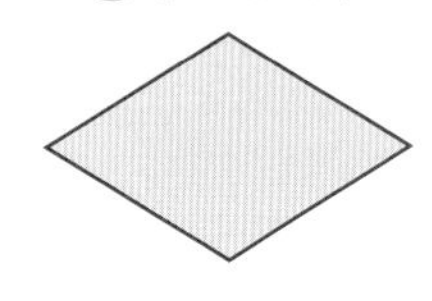

① 向かい合った２組の辺の長さがそれぞれ等しい四角形（　　　　　　）

② ４つの角の大きさがどれも等しい四角形（　　　　　　）

7 下の直方体で，頂点(ちょうてん)E(イー)をもとにして，それぞれの頂点(ちょうてん)の位置を表しましょう。

〔1問　全部できて５点〕

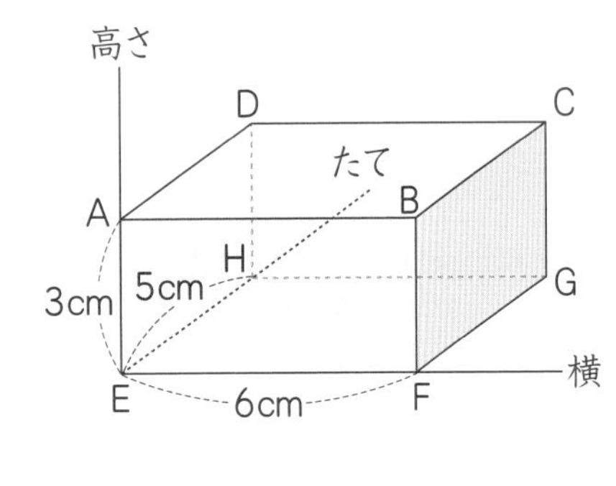

① 頂点(ちょうてんビー)B（横　cm，たて　cm，高さ　cm）

② 頂点(ちょうてんシー)C（　　　　　　）

③ 頂点(ちょうてんジー)G（　　　　　　）

④ 頂点(ちょうてんエイチ)H（　　　　　　）

4年生のふく習だよ。わからなかった問題は『4年生　数・量・図形』できちんとふく習しておこう。

とく点　　　点

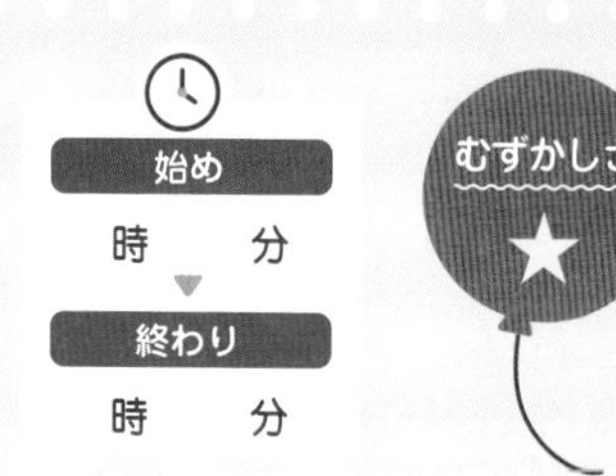

1 次の数を読んで，（　）に漢字で書きましょう。 〔6点〕

2905020100000000 （　　　　）

2 次の計算を，千の位までのがい数にして求めましょう。 〔1問　6点〕

① 26552＋3259 （　　　　）

② 98107－76905 （　　　　）

3 次の分数を大きいほうから順に書きましょう。 〔6点〕

（ $\frac{5}{7}$, $\frac{5}{9}$, $\frac{5}{6}$, $\frac{5}{8}$ ） （　　　　）

4 次の数を書きましょう。 〔1問　6点〕

① 3.98の10倍 （　　　　）

② 65.1の$\frac{1}{10}$ （　　　　）

③ 2.59の100倍 （　　　　）

5 次の□にあてはまる数を書きましょう。 〔1問　6点〕

① 1 a ＝ □ m^2

② 1 ha ＝ □ m^2

③ 1 km^2 ＝ □ m^2

6 次のㅁの角度は何度ですか。分度器を使ってはかりましょう。　〔1問　5点〕

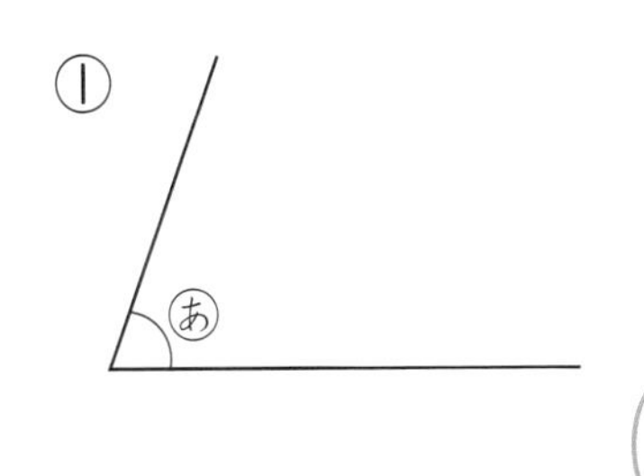

（　　　　）

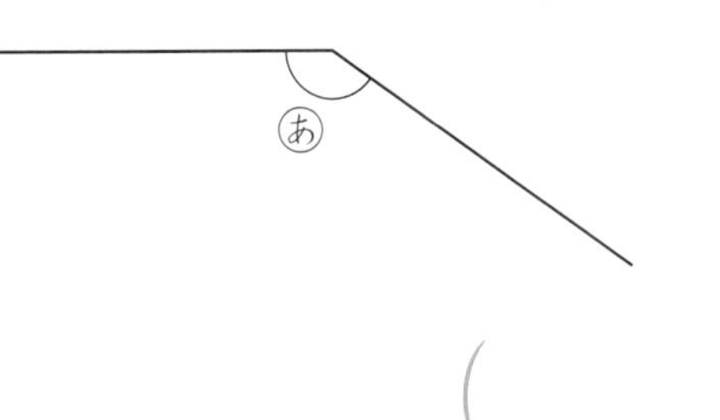

（　　　　）

7 次のてん開図を組み立ててできる直方体の見取図を書きましょう。　〔10点〕

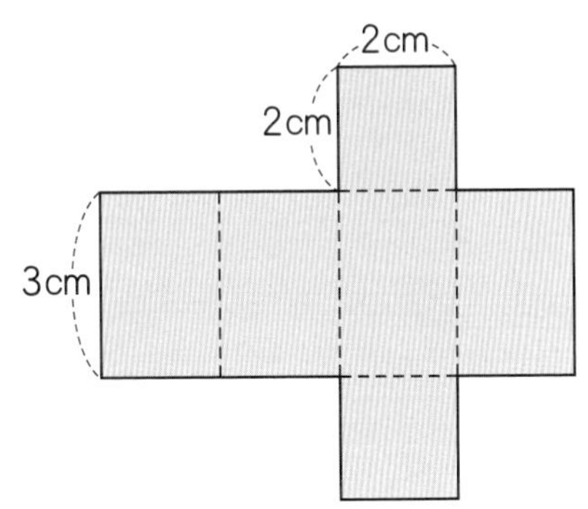

8 右のグラフは，ある村の米のとれ高を調べたものです。　〔1問　10点〕

① 米のとれ高がいちばん多かったのは何年ですか。

（　　　　）

② 米のとれ高が前の年とかわらなかったのは何年ですか。

（　　　　）

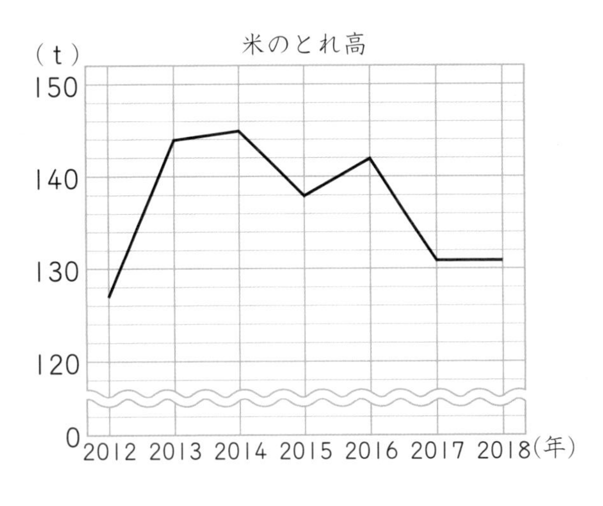

4年生のふく習だよ。わからなかった問題は『4年生　数・量・図形』できちんとふく習しておこう。

とく点　　点

3 偶数(ぐうすう)と奇数(きすう)

むずかしさ ★★

始め　時　分
終わり　時　分

月　日　名前

1 0から10までの整数を，2でわってわり切れる数，2でわって1あまる数の2つのグループに分けました。□にあてはまる数を書きましょう。〔1問　全部できて5点〕

① 2でわって，わり切れる数……0，2，4，□，□，□

② 2でわって，1あまる数………1，3，5，□，□

覚えておこう

- 2でわってわり切れる数を**偶数(ぐうすう)**，2でわって1あまる数を**奇数(きすう)**といいます。整数は，偶数(ぐうすう)と奇数(きすう)の2つのなかまに分けられます。

2 次の数は偶数(ぐうすう)ですか，奇数(きすう)ですか。(　)の中に書きましょう。〔1問　2点〕

① 1　(　　)　　② 0　(　　)

③ 4　(　　)　　④ 3　(　　)

⑤ 7　(　　)　　⑥ 9　(　　)

⑦ 5　(　　)　　⑧ 8　(　　)

⑨ 6　(　　)　　⑩ 10　(　　)

⑪ 11　(　　)　　⑫ 12　(　　)

3 11から30までの数について，次の問題に答えましょう。〔1問　全部できて6点〕

① 偶数(ぐうすう)を全部書きましょう。(　　)

② 奇数(きすう)を全部書きましょう。(　　)

覚えておこう

- 一の位の数字が0，2，4，6，8は偶数(ぐうすう)です。
- 一の位の数字が1，3，5，7，9は奇数(きすう)です。

4 一の位が0，2，4，6，8の偶数(ぐうすう)を○でかこみましょう。 〔10点〕

46，53，68，71，87，96，104，113，126，
135，147，156，160，177，189，196

5 一の位が1，3，5，7，9の奇数(きすう)を○でかこみましょう。 〔10点〕

43，58，69，76，84，91，108，117，128，
134，145，151，166，179，182，199

6 次の数を，偶数(ぐうすう)と奇数(きすう)に分けて，下の（ ）に全部書きましょう。 〔それぞれ10点〕

36，43，126，180，193，252，300，78，
83，67，98，112，136，145，321，
267，284，176，184，365，243

偶数(ぐうすう)（ ）

奇数(きすう)（ ）

7 [1]，[2]，[3]のカードを1まいずつ使って3けたの数をつくります。
〔1問 全部できて4点〕

① できる偶数(ぐうすう)を2つ書きましょう。 （ ）（ ）

② できる奇数(きすう)を書きましょう。 （ ）（ ）（ ）（ ）

8 [2]，[3]，[4]のカードを1まいずつ使ってできる奇数(きすう)のうち，いちばん大きい奇数(きすう)を書きましょう。 〔6点〕

（ ）

偶数(ぐうすう)と奇数(きすう)を正しく分けられたかな。まわりにあるいろいろな数も分けてみよう。

とく点　　点

整数と小数 ①

月　日　名前

1 7654.321という数で，それぞれの位の数字はどんな大きさの数を表していますか。□にあてはまる数やことばを書きましょう。〔1問　5点〕

① 千の位の数字7は，1000が□つあることを表している。

② 百の位の数字6は，100が□つあることを表している。

③ □の位の数字5は，10が□つあることを表している。

④ □の位の数字4は，1が□つあることを表している。

⑤ $\frac{1}{10}$の位（小数第1位）の数字3は，0.1が□つあることを表している。

⑥ $\frac{1}{100}$の位（小数第2位）の数字2は，□が□つあることを表している。

⑦ $\frac{1}{1000}$の位（小数第3位）の数字1は，□が□つあることを表している。

覚えておこう

- どんな整数や小数も，0から9までの10この数字と小数点を使って表すことができます。

2 □にあてはまる数を書きましょう。〔1問　5点〕

① 3406＝1000×□＋100×□＋10×□＋1×□

② □＝1000×5＋100×2＋10×7＋1×7

③ □＝1000×9＋100×9＋10×9＋1×0

3 □にあてはまる数を書きましょう。　〔1問　5点〕

① $2.345=1\times\square+0.1\times\square+0.01\times\square+0.001\times\square$

② $43.67=10\times\square+1\times\square+0.1\times\square+0.01\times\square$

③ $150.89=100\times\square+10\times\square+1\times\square+0.1\times\square+0.01\times\square$

④ $19.618=10\times\square+1\times\square+0.1\times\square+0.01\times\square+0.001\times\square$

⑤ $202.789=100\times\square+10\times\square+1\times\square+0.1\times\square+0.01\times\square+0.001\times\square$

⑥ $\square=10\times1+1\times5+0.1\times0+0.01\times8$

⑦ $\square=100\times5+10\times2+1\times7+0.1\times4+0.01\times9$

⑧ $\square=1000\times4+100\times0+10\times6+1\times8+0.1\times0+0.01\times7$

4 次の□に1，3，5，7，9の5つの数字を1回ずつ入れて小数をつくります。　〔1問　5点〕

□□.□□□

① いちばん大きい数は何ですか。　（　　　　）

② いちばん小さい数は何ですか。　（　　　　）

答えを書き終わったら，見直しをして，まちがいをなくそう。

とく点　　点

5 整数と小数 

始め 時 分

終わり 時 分

月 日 名前

1 次の□にあてはまる数を書きましょう。 〔1問 2つできて4点〕

① 2を10倍した数は，2を10集めた数で 

です。式に表すと，

2×10＝□

② 0.2を10倍した数は，0.2を10集めた数で 

です。式に表すと，

0.2×10＝□

③ 0.02を10倍した数は，0.02を10集めた数で 

です。式に表すと，

0.02×10＝□

2 次の□にあてはまる数を書きましょう。 〔1問 2つできて5点〕

① 0.2を100倍した数は，0.2を100集めた数で 20 です。式に表すと，

0.2×100＝□

② 0.02を100倍した数は，0.02を100集めた数で 

です。式に表すと，

0.02×100＝□

3 次の数を求めましょう。 〔1問 3点〕

① 0.3の10倍 （ ）

② 0.03の10倍 （ ）

③ 0.9の10倍 （ ）

④ 0.05の10倍 （ ）

⑤ 0.4の100倍 （ ）

⑥ 0.04の100倍 （ ）

⑦ 0.7の100倍 （ ）

⑧ 0.08の100倍 （ ）

4 次の□にあてはまる数を書きましょう。 〔1問 2つできて4点〕

① 20を$\frac{1}{10}$にした数は，20を10等分した数で [2] です。式に表すと，

$20 \div 10 =$ [ ]

② 2を$\frac{1}{10}$にした数は，2を10等分した数で [0.2] です。式に表すと，

$2 \div 10 =$ [ ]

③ 0.2を$\frac{1}{10}$にした数は，0.2を10等分した数で [0.02] です。式に表すと，

$0.2 \div 10 =$ [ ]

5 次の□にあてはまる数を書きましょう。 〔1問 2つできて5点〕

① 2を$\frac{1}{100}$にした数は，2を100等分した数で [0.02] です。式に表すと，

$2 \div 100 =$ [ ]

② 0.2を$\frac{1}{100}$にした数は，0.2を100等分した数で [0.002] です。式に表すと，

$0.2 \div 100 =$ [ ]

6 次の数を求めましょう。 〔1問 4点〕

① 4の$\frac{1}{10}$ （ ）

② 0.4の$\frac{1}{10}$ （ ）

③ 7の$\frac{1}{10}$ （ ）

④ 0.6の$\frac{1}{10}$ （ ）

⑤ 3の$\frac{1}{100}$ （ ）

⑥ 0.3の$\frac{1}{100}$ （ ）

⑦ 8の$\frac{1}{100}$ （ ）

⑧ 0.5の$\frac{1}{100}$ （ ）

10倍，100倍した数や，$\frac{1}{10}$，$\frac{1}{100}$にした数を練習しよう。

とく点 　　点

整数と小数 ③

月　日　名前

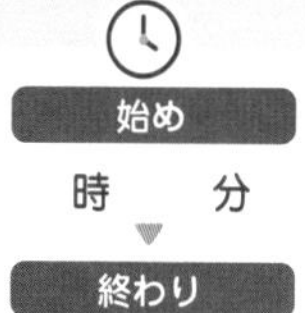

1 3.26を10倍，100倍します。□にあてはまる数を書きましょう。

〔1問　全部できて6点〕

① 3.26の10倍……3.26×10＝□

10倍すると，小数点は右へ□けたうつります。

② 3.26の100倍……3.26×100＝□

100倍すると，小数点は右へ□けたうつります。

もとの数	3.26
10倍	32.6
100倍	326.0

覚えておこう

- 小数や整数を10倍，100倍，……すると，小数点は右へ，それぞれ1けた，2けた，……とうつります。

2 次の数を求めましょう。

〔1問　3点〕

① 0.4の10倍（　　）　② 4.2の10倍（　　）

③ 2.57の10倍（　　）　④ 46.32の10倍（　　）

⑤ 0.7の100倍（　　）　⑥ 0.32の100倍（　　）

⑦ 2.47の100倍（　　）　⑧ 18.24の100倍（　　）

⑨ 0.6の1000倍（　　）　⑩ 41.05の1000倍（　　）

3 右の数は左の数をそれぞれ何倍した数ですか。

〔1問　2点〕

① 32.8 → 328（　　）倍　② 5.36 → 536（　　）倍

4 32.6を$\frac{1}{10}$，$\frac{1}{100}$にします。□にあてはまる数を書きましょう。

〔1問　全部できて6点〕

① 32.6の$\frac{1}{10}$……32.6÷10＝□

$\frac{1}{10}$にすると，小数点は左へ□けたうつります。

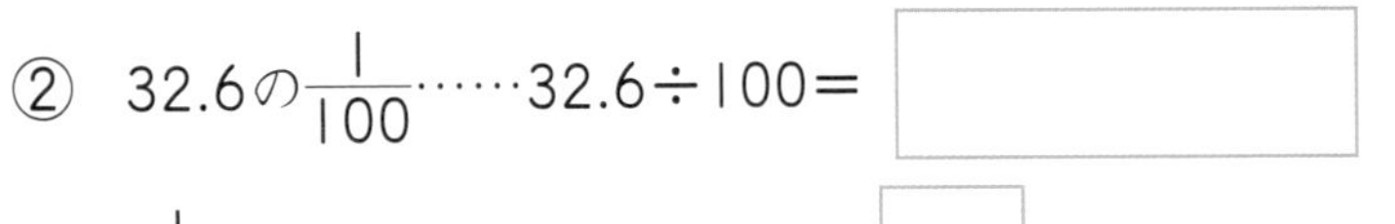

② 32.6の$\frac{1}{100}$……32.6÷100＝□

$\frac{1}{100}$にすると，小数点は左へ□けたうつります。

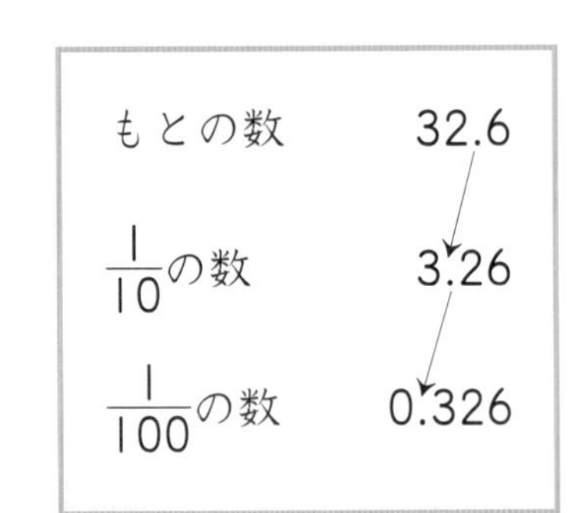

覚えておこう

● 小数や整数を$\frac{1}{10}$，$\frac{1}{100}$，……にすると，小数点は左へそれぞれ1けた，2けた，……とうつります。

5 次の数を求めましょう。

〔1問　3点〕

① 32の$\frac{1}{10}$　（　　）
② 2.4の$\frac{1}{10}$　（　　）
③ 63.2の$\frac{1}{10}$　（　　）
④ 463の$\frac{1}{100}$　（　　）
⑤ 15.8の$\frac{1}{100}$　（　　）
⑥ 7.5の$\frac{1}{100}$　（　　）
⑦ 239の$\frac{1}{1000}$　（　　）
⑧ 48.7の$\frac{1}{1000}$　（　　）

6 右の数は左の数をそれぞれ何分の一にした数ですか。

〔1問　3点〕

① 23.8 → 2.38　（　　）
② 456 → 4.56　（　　）

7 326.5の10倍，100倍，$\frac{1}{10}$，$\frac{1}{100}$の数をそれぞれ求めましょう。

〔（　）1つ　3点〕

10倍（　　）　100倍（　　）　$\frac{1}{10}$（　　）　$\frac{1}{100}$（　　）

小数点は正しい位置かな。しっかり見直しをしよう。

とく点　　点

整数と小数 ④

月　日　名前

1 100cm＝１mです。次の問題に答えましょう。〔1問　2点〕

① 200cmは何mですか。
（　　　）m

(10cm)
0 0.1m　1m
0　0.1m
0.01m
(1cm)

② 300cmは何mですか。
（　　　）m

③ 30cmは何mですか。
（　　　）m

④ 3cmは何mですか。
（0.03）m

⑤ 5cmは何mですか。
（　　　）m

⑥ 35cmは何mですか。
（0.35）m

⑦ 46cmは何mですか。
（　　　）m

⑧ 1m35cmは何mですか。
（1.35）m

⑨ 128cmは何mですか。
（　　　）m

2 次の長さをmの単位で表しましょう。〔1問　3点〕

① 40cm（　　　）m
② 4cm（　　　）m
③ 8cm（　　　）m
④ 17cm（　　　）m
⑤ 65cm（　　　）m
⑥ 1m25cm（　　　）m
⑦ 1m10cm（　　　）m
⑧ 1m1cm（　　　）m
⑨ 245cm（　　　）m
⑩ 308cm（　　　）m

3 1000m＝1kmです。次の問題に答えましょう。〔1問　2点〕

① 3000mは何kmですか。

(　　　　)km

② 300mは何kmですか。

(　　　　)km

③ 30mは何kmですか。

(　　　　)km

④ 3mは何kmですか。

(0.003)km

⑤ 354mは何kmですか。

(　　　　)km

⑥ 65mは何kmですか。

(　　　　)km

⑦ 1km450mは何kmですか。

(　　　　)km

⑧ 2387mは何kmですか。

(　　　　)km

4 次の長さをkmの単位で表しましょう。〔1問　3点〕

① 600m (　　　　)km　② 150m (　　　　)km

③ 40m (　　　　)km　④ 8m (　　　　)km

⑤ 275m (　　　　)km　⑥ 36m (　　　　)km

⑦ 1km480m (　　　　)km　⑧ 2306m (　　　　)km

5 1000g＝1kgです。次の重さをkgの単位で表しましょう。〔1問　2点〕

① 500g (　　　　)kg　② 30g (　　　　)kg

③ 725g (　　　　)kg　④ 64g (　　　　)kg

⑤ 1820g (　　　　)kg　⑥ 2905g (　　　　)kg

まちがえた問題は，やり直しておこう。

とく点　　点

倍数と約数 ①

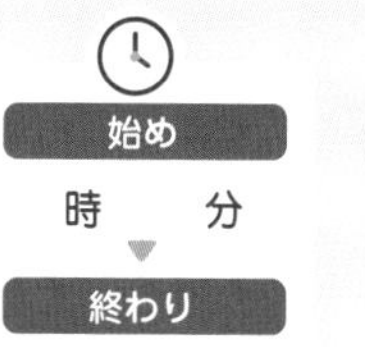

月　日　名前

覚えておこう

- 3，6，9，……は，3を1倍，2倍，3倍，……した数です。このような数を**3の倍数**（ばいすう）といいます。

1 3の倍数を小さいほうから順に□の中に書きましょう。〔全部できて5点〕

3 → 6 → □ → □ → □ → □

2 次の倍数を，小さいほうから順に□の中に書きましょう。〔1問　全部できて5点〕

① 2の倍数　2 → □ → □ → □ → □

② 4の倍数　4 → □ → □ → □ → □

③ 5の倍数　5 → □ → □ → □ → □

④ 6の倍数　6 → □ → □ → □ → □

3 1～30の整数の中で7の倍数を全部書きましょう。〔5点〕

(　　　　　　)

4 1～30の整数の中で8の倍数を全部書きましょう。〔5点〕

(　　　　　　)

5 1～30の整数の中で9の倍数を全部書きましょう。〔5点〕

(　　　　　　)

6 次の数の中で，3の倍数を全部○でかこみましょう。〔5点〕

16，17，18，19，20，21，22，23，24，25，26，27

覚えておこう

● 3の倍数は，3でわり切れる数です。

7 次の数の中で，3の倍数を全部○でかこみましょう。〔5点〕

34，15，48，29，11，36，28，41，51，12，44，66

8 次の数の中で，4の倍数を全部○でかこみましょう。〔5点〕

24，32，35，36，38，40，42，44，46，48，50，52

9 次の数の中で，5の倍数を全部○でかこみましょう。〔5点〕

32，35，38，40，42，45，48，50，52，55，60

10 1から30までの整数の中で3の倍数は全部でいくつありますか。〔10点〕

(　　　　)

11 1から50までの整数の中で3の倍数は全部でいくつありますか。〔10点〕

(　　　　)

12 1から100までの整数の中で3の倍数は全部でいくつありますか。〔10点〕

(　　　　)

13 1から50までの整数の中で4の倍数は全部でいくつありますか。〔10点〕

(　　　　)

わからないときは，順に数えて，倍数をさがしてみよう。

とく点　　点

9 倍数と約数 ②

始め　時　分
終わり　時　分
むずかしさ ★★

月　日　名前

1 4の倍数を小さいほうから順に□の中に書きましょう。〔全部できて4点〕

4, 8, 12, □, □, □, □, □, □

2 6の倍数を小さいほうから順に□の中に書きましょう。〔全部できて4点〕

6, 12, □, □, □, □, □, □, □

3 9の倍数を小さいほうから順に□の中に書きましょう。〔全部できて5点〕

9, □, □, □, □, □

4 4の倍数でもあり，6の倍数でもある数を小さいほうから順に□の中に書きましょう。〔全部できて5点〕

□, □, □, □, □

覚えておこう

- 4の倍数でもあり，6の倍数でもある数を4と6の**公倍数**（こうばいすう）といいます。

5 6と9の公倍数を小さいほうから順に□の中に書きましょう。〔全部できて5点〕

□, □, □, □

6 4と8の公倍数を小さいほうから順に□の中に書きましょう。〔全部できて5点〕

□, □, □, □

7 □にあてはまる数を書きましょう。〔1問　5点〕

① 6と9の公倍数でいちばん小さい数は □

② 4と8の公倍数でいちばん小さい数は □

覚えておこう

● 公倍数のうちで，いちばん小さい数を，**最小公倍数**（さいしょうこうばいすう）といいます。

8 次の各組の数の最小公倍数を求め，□に書きましょう。〔1問　5点〕

① （6，8）→ □　　② （3，4）→ □

③ （3，6）→ □　　④ （4，6）→ □

9 （　）と□にあてはまる数を書き入れて，（3，6，9）の最小公倍数を求めましょう。〔1問　全部できて6点〕

① 3と6の最小公倍数は（　　）

（6）と9の最小公倍数は □

② 6と9の最小公倍数は（　　）

（18）と3の最小公倍数は □

③ 3と9の最小公倍数は（　　）

（　　）と6の最小公倍数は □

10 次の各組の数の最小公倍数を求め，□に書きましょう。〔1問　6点〕

① （2，3，8）→ □　　② （4，6，10）→ □

③ （4，6，9）→ □　　④ （6，8，12）→ □

公倍数とはどんなものか，もうわかったかな。最小公倍数も正しく求められたかな。

とく点　　点

10 倍数と約数 ③

月　　日　名前

覚えておこう

- 12は1，2，3，4，6，12でわるとわり切れます。この1，2，3，4，6，12を**12の約数**（やくすう）といいます。

1 次の約数を小さいほうから順に全部書きましょう。〔1問　全部できて4点〕

① 2の約数 → □，□

② 3の約数 → □，□

③ 4の約数 → □，□，□

④ 5の約数 → □，□

⑤ 6の約数 → □，□，□，□

⑥ 7の約数 → □，□

⑦ 8の約数 → □，□，□，□

⑧ 9の約数 → □，□，□

12÷4=3
12÷5=？

⑨ 10の約数 → □，□，□，□

⑩ 12の約数 → □，□，□，□，□，□

2 □にあてはまる数を書きましょう。 〔1問　5点〕

① 12の約数は，1，2，3，4，□，12

② 18の約数は，1，2，3，□，9，18

③ 12と18の共通の約数は，1，2，3，□

3 □にあてはまる数を書きましょう。 〔1問　5点〕

① 20の約数は，1，2，4，□，10，20

② 30の約数は，1，2，3，5，□，10，15，30

③ 20と30の共通の約数は，1，2，5，□

覚えておこう

● 両方に共通な約数を，**公約数**(こうやくすう)といいます。

4 □にあてはまる数を書きましょう。 〔1問　3点〕

① 12と18の公約数で，いちばん大きい数は □

② 20と30の公約数で，いちばん大きい数は □

覚えておこう

● いちばん大きい公約数を**最大公約数**(さいだいこうやくすう)といいます。

5 次の2つの数の最大公約数を求め，□に書きましょう。 〔1問　4点〕

① (8，12) → □

② (18，30) → □

③ (12，30) → □

④ (24，40) → □

⑤ (30，50) → □

⑥ (24，64) → □

問題のほかにも，2つの数の最大公約数を求めてみよう。

とく点　　点

倍数と約数 ④

月　日　名前

始め　時　分

終わり　時　分

1 次の各組の数の最小公倍数を求め，□に書きましょう。〔1問　3点〕

① （2，3）→ □　　② （3，5）→ □

③ （4，6）→ □　　④ （3，9）→ □

⑤ （8，12）→ □　　⑥ （9，18）→ □

⑦ （12，18）→ □　　⑧ （15，45）→ □

⑨ （18，72）→ □　　⑩ （16，80）→ □

2 次の各組の数の最小公倍数を求め，□に書きましょう。〔1問　5点〕

① （2，3，4）→ □　　② （3，4，5）→ □

③ （3，6，9）→ □　　④ （4，8，12）→ □

⑤ （5，10，15）→ □　　⑥ （8，12，24）→ □

覚えておこう

●最小公倍数を求めるには，次のような方法もあります。

（かんたんな公約数でわる）

```
2 ) 12  18   ←2でわる
3 )  6   9   ←3でわる
     2   3   ←これ以上われない
```

2×3×2×3　36

次の各組の数の最大公約数を求め，□に書きましょう。　〔1問　2点〕

① (2，4) → □　② (4，8) → □

③ (6，9) → □　④ (6，12) → □

⑤ (9，15) → □　⑥ (14，21) → □

⑦ (18，27) → □　⑧ (20，25) → □

⑨ (12，30) → □　⑩ (12，18) → □

⑪ (16，24) → □　⑫ (14，35) → □

⑬ (10，15) → □　⑭ (30，32) → □

⑮ (10，20) → □　⑯ (12，48) → □

⑰ (45，60) → □　⑱ (40，60) → □

⑲ (36，54) → □　⑳ (60，120) → □

問題のほかにも，2つの数の最大公約数と最小公倍数を求める練習をしてみよう。

とく点　　点

分数 ①

月　　日　名前

始め　時　分
終わり　時　分

1 下の正方形の全体の面積は 1 m² です。▒ の部分の面積は何分の何m²ですか。□にあてはまる数字を書いて，分数で表しましょう。〔1問　全部できて5点〕

①

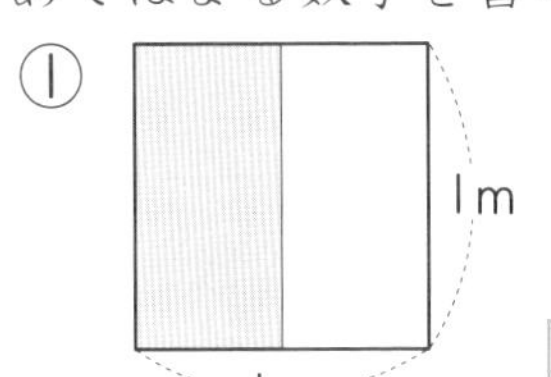
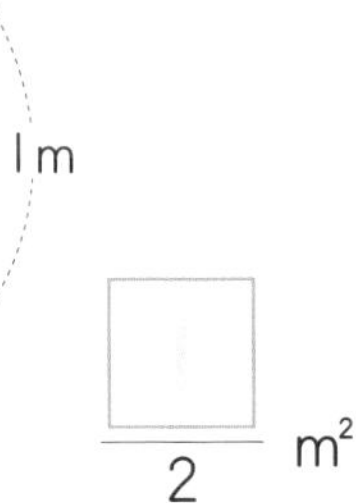

$\frac{\square}{2}$ m²（□の中に 1）

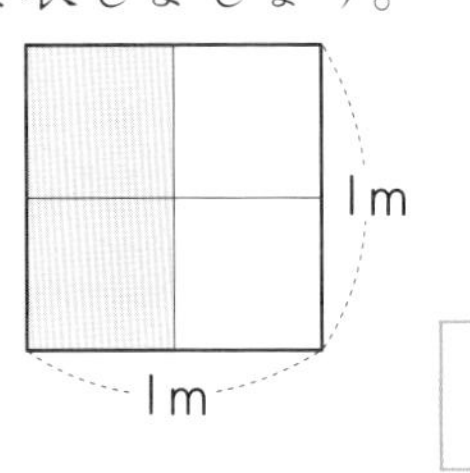
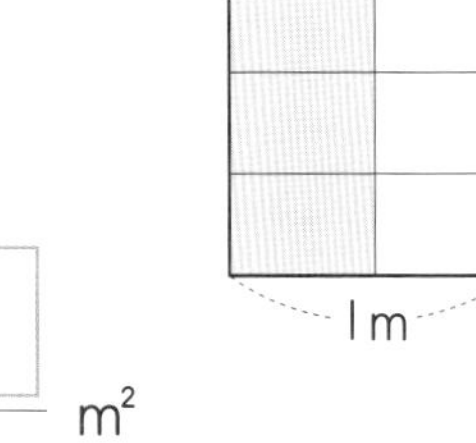

$\frac{\square}{4}$ m²

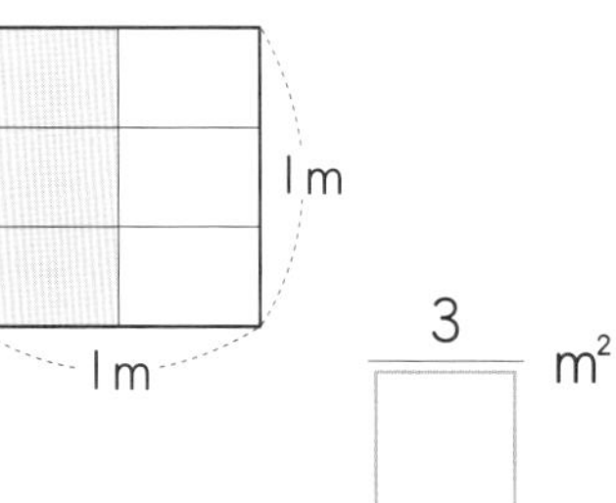

$\frac{3}{\square}$ m²

②

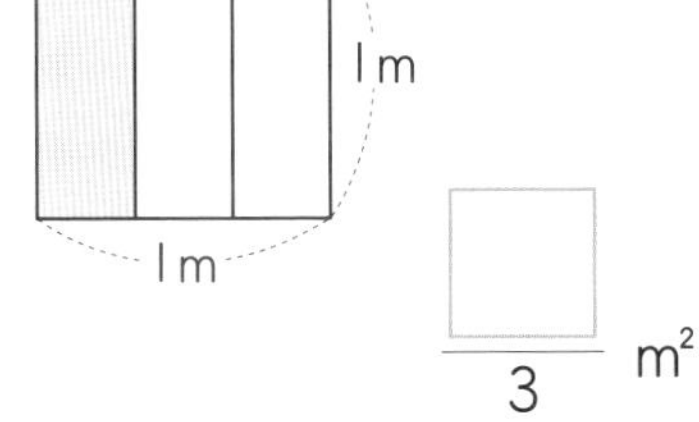

$\frac{\square}{3}$ m²

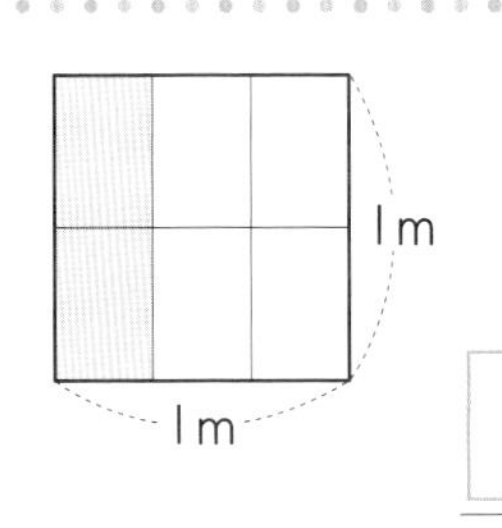

$\frac{\square}{6}$ m²

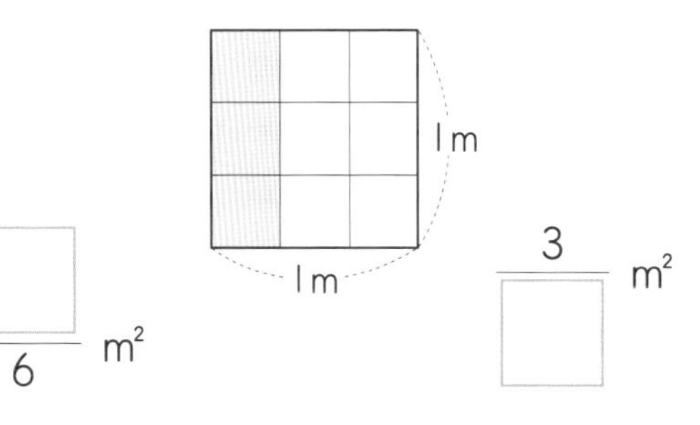

$\frac{3}{\square}$ m²

③

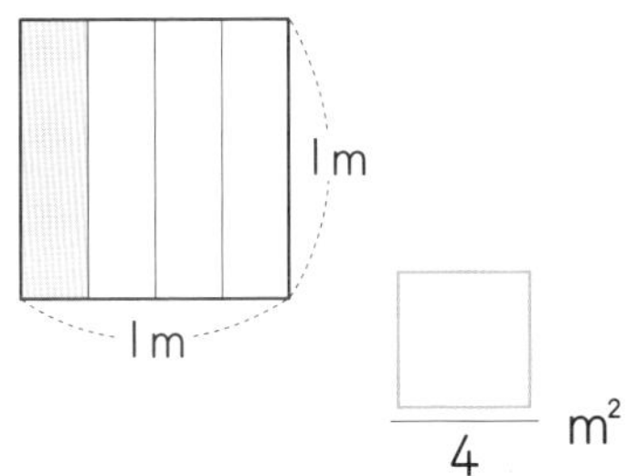

$\frac{\square}{4}$ m²

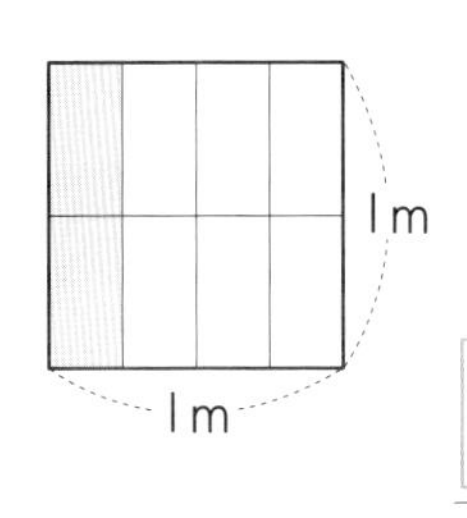

$\frac{\square}{8}$ m²

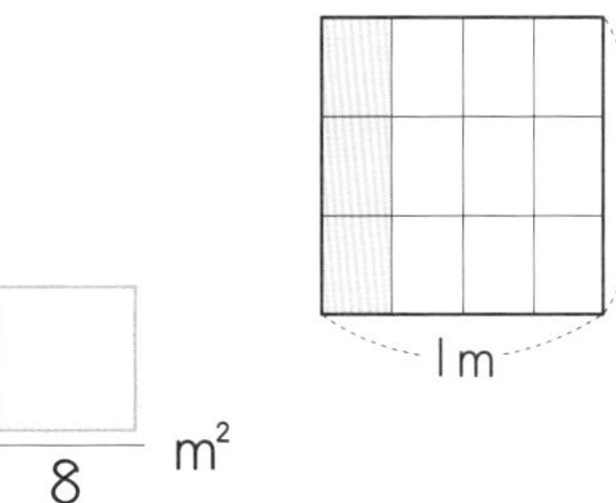
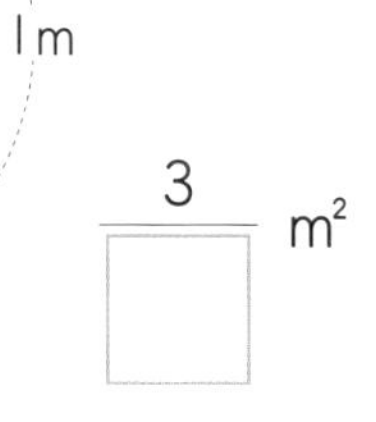

$\frac{3}{\square}$ m²

2 同じ大きさを表す分数を，**1** を見て答えましょう。□にあてはまる数字を書きましょう。〔1問　5点〕

① $\frac{1}{3} = \frac{2}{6}$

② $\frac{1}{4} = \frac{2}{8}$

③ $\frac{2}{4} = \frac{\square}{2}$

④ $\frac{2}{8} = \frac{\square}{4}$

⑤ $\frac{2}{6} = \frac{\square}{3}$

覚えておこう

- 分母と分子を同じ数でわっても，分数が表している大きさは同じです。同じ数でわって，かんたんな分数にすることを**約分する**（やくぶん）といいます。

例　$\frac{\overset{1}{\cancel{2}}}{\underset{3}{\cancel{6}}}=\frac{1}{3}$，$\frac{\overset{1}{\cancel{2}}}{\underset{4}{\cancel{8}}}=\frac{1}{4}$，$\frac{\overset{5}{\cancel{15}}}{\underset{3}{\cancel{9}}}=\frac{5}{3}$，$1\frac{\overset{2}{\cancel{6}}}{\underset{3}{\cancel{9}}}=1\frac{2}{3}$

3 次の分数を約分して，できるだけかんたんな分数になおします。□にあてはまる数字を書きましょう。〔1問　3点〕

① $\frac{2}{4}=\frac{\square}{2}$　② $\frac{4}{6}=\frac{\square}{3}$　③ $\frac{6}{8}=\frac{\square}{4}$

④ $\frac{3}{6}=\frac{\square}{2}$　⑤ $\frac{6}{9}=\frac{\square}{3}$　⑥ $\frac{9}{12}=\frac{\square}{4}$

⑦ $\frac{4}{8}=\frac{\square}{2}$　⑧ $\frac{8}{12}=\frac{\square}{3}$　⑨ $\frac{12}{16}=\frac{\square}{4}$

⑩ $\frac{5}{10}=\frac{\square}{2}$　⑪ $\frac{10}{15}=\frac{\square}{3}$　⑫ $\frac{15}{20}=\frac{\square}{4}$

⑬ $\frac{6}{12}=\frac{\square}{2}$　⑭ $\frac{12}{18}=\frac{\square}{3}$　⑮ $\frac{24}{32}=\frac{\square}{4}$

⑯ $\frac{12}{8}=\frac{\square}{2}$　⑰ $\frac{15}{12}=\frac{\square}{4}$　⑱ $\frac{40}{15}=\frac{\square}{3}$

⑲ $1\frac{17}{34}=1\frac{\square}{2}$　⑳ $1\frac{30}{50}=1\frac{\square}{5}$

約分はできたかな。まちがえた問題は，もう一度やり直してみよう。

とく点　　点

分数 ②

月　日　名前

時　分

時　分

1 次の分数を約分して，できるだけかんたんな分数になおしましょう。（なるべく分母と分子の最大公約数でわりましょう。）　〔1問　2点〕

① $\frac{2}{6}=\frac{}{3}$　② $\frac{2}{8}=$　③ $\frac{2}{12}=$

④ $\frac{3}{9}=\frac{}{3}$　⑤ $\frac{3}{12}=$　⑥ $\frac{9}{12}=$

⑦ $\frac{4}{8}=$　⑧ $\frac{4}{16}=$　⑨ $\frac{12}{20}=$

⑩ $\frac{5}{10}=$　⑪ $\frac{5}{15}=$　⑫ $\frac{20}{25}=$

⑬ $\frac{6}{12}=$　⑭ $\frac{6}{18}=$　⑮ $\frac{24}{30}=$

⑯ $\frac{7}{14}=$　⑰ $\frac{14}{21}=$　⑱ $\frac{28}{35}=$

⑲ $\frac{8}{16}=$　⑳ $\frac{8}{24}=$　㉑ $\frac{32}{40}=$

㉒ $\frac{9}{18}=$　㉓ $\frac{10}{8}=$　㉔ $\frac{12}{9}=$

㉕ $\frac{20}{12}=$　㉖ $\frac{20}{15}=$　㉗ $\frac{30}{18}=$

㉘ $3\frac{33}{36}=$　㉙ $\frac{15}{60}=$　㉚ $\frac{13}{39}=$

覚えておこう

●分母と分子に同じ数をかけても，分数が表している大きさは同じです。

例 $\frac{2}{3}=\frac{4}{6}=\frac{6}{9}$，$\frac{2}{5}=\frac{4}{10}=\frac{6}{15}$，$1\frac{1}{7}=1\frac{2}{14}=1\frac{3}{21}$

2 次の分数と同じ大きさの分数になるように，□にあてはまる数字を書きましょう。

〔1問　2点〕

① $\frac{1}{2}=\frac{\square}{4}$　② $\frac{1}{2}=\frac{\square}{6}$　③ $\frac{1}{2}=\frac{\square}{8}$

④ $\frac{1}{3}=\frac{\square}{6}$　⑤ $\frac{1}{3}=\frac{\square}{12}$　⑥ $\frac{2}{3}=\frac{\square}{9}$

⑦ $\frac{1}{4}=\frac{\square}{8}$　⑧ $\frac{3}{4}=\frac{\square}{8}$　⑨ $\frac{3}{4}=\frac{\square}{12}$

⑩ $\frac{1}{5}=\frac{\square}{10}$　⑪ $\frac{2}{5}=\frac{\square}{15}$　⑫ $\frac{4}{5}=\frac{\square}{20}$

⑬ $\frac{1}{6}=\frac{\square}{12}$　⑭ $\frac{5}{6}=\frac{\square}{18}$　⑮ $\frac{1}{7}=\frac{\square}{14}$

⑯ $\frac{2}{7}=\frac{\square}{21}$　⑰ $2\frac{2}{7}=\square\frac{\square}{28}$　⑱ $\frac{5}{8}=\frac{\square}{16}$

⑲ $\frac{4}{9}=\frac{\square}{27}$　⑳ $1\frac{4}{9}=\square\frac{\square}{36}$

答えを書き終わったら，見直しをして，まちがいをなくそう。

とく点　　点

分 数 ③

月　日　名前

覚えておこう

●分母がちがう分数を，分母の等しい分数になおすことを**通分する**（つうぶん）といいます。

例　$\left(\frac{1}{2}, \frac{2}{3}\right)$を通分する。➡ $\frac{1}{2}=\frac{3}{6}$，$\frac{2}{3}=\frac{4}{6}$だから$\left(\frac{3}{6}, \frac{4}{6}\right)$

1 次の分数を通分しましょう。（共通の分母は，2つの分母の最小公倍数にしましょう。）

〔1問　3点〕

① $\left(\frac{1}{4}, \frac{2}{3}\right)$　$\left(\frac{\square}{12}, \frac{\square}{12}\right)$

② $\left(\frac{1}{3}, \frac{3}{4}\right)$　（　　，　　）

③ $\left(\frac{1}{4}, \frac{2}{5}\right)$　（　　，　　）

④ $\left(\frac{2}{5}, \frac{1}{6}\right)$　（　　，　　）

⑤ $\left(\frac{3}{4}, \frac{5}{6}\right)$　$\left(\frac{\square}{12}, \frac{\square}{12}\right)$

⑥ $\left(\frac{1}{6}, \frac{2}{9}\right)$　（　　，　　）

⑦ $\left(\frac{3}{8}, \frac{5}{12}\right)$　（　　，　　）

⑧ $\left(\frac{3}{5}, \frac{7}{15}\right)$　（　　，　　）

⑨ $\left(\frac{3}{2}, \frac{4}{3}\right)$　（　　，　　）

⑩ $\left(\frac{7}{5}, \frac{5}{4}\right)$　（　　，　　）

⑪ $\left(1\frac{2}{3}, 1\frac{7}{12}\right)$　（　　，　　）

⑫ $\left(1\frac{1}{6}, 1\frac{1}{8}\right)$　（　　，　　）

2 次の各組の分数を通分して大きさをくらべ，大きいほうの分数を（　）に書きましょう。

〔1問　4点〕

① $\left(\frac{1}{2}, \frac{2}{3}\right)$ （　　　）

② $\left(\frac{2}{3}, \frac{3}{4}\right)$ （　　　）

③ $\left(\frac{3}{4}, \frac{4}{5}\right)$ （　　　）

④ $\left(\frac{6}{7}, \frac{7}{8}\right)$ （　　　）

⑤ $\left(\frac{3}{5}, \frac{1}{2}\right)$ （　　　）

⑥ $\left(\frac{1}{3}, \frac{4}{9}\right)$ （　　　）

⑦ $\left(\frac{7}{12}, \frac{3}{4}\right)$ （　　　）

⑧ $\left(\frac{3}{5}, \frac{11}{15}\right)$ （　　　）

⑨ $\left(\frac{5}{8}, \frac{7}{12}\right)$ （　　　）

⑩ $\left(\frac{8}{9}, \frac{5}{6}\right)$ （　　　）

⑪ $\left(\frac{3}{2}, \frac{4}{3}\right)$ （　　　）

⑫ $\left(\frac{6}{5}, \frac{5}{4}\right)$ （　　　）

⑬ $\left(1\frac{2}{3}, 1\frac{3}{4}\right)$ （　　　）

⑭ $\left(2\frac{4}{5}, 2\frac{3}{4}\right)$ （　　　）

⑮ $\left(1\frac{3}{7}, \frac{11}{8}\right)$ （　　　）

⑯ $\left(\frac{9}{5}, 1\frac{5}{6}\right)$ （　　　）

通分はできたかな。まちがえた問題は，もう一度やり直してみよう。

とく点　　点

分数と小数 ①

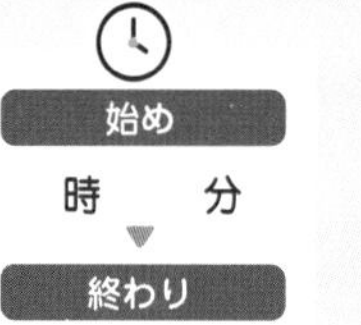

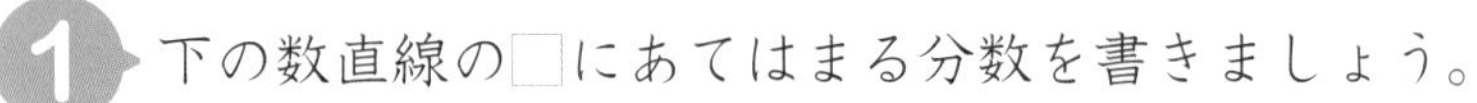

月　日　名前

1 下の数直線の□にあてはまる分数を書きましょう。〔□1つ　3点〕

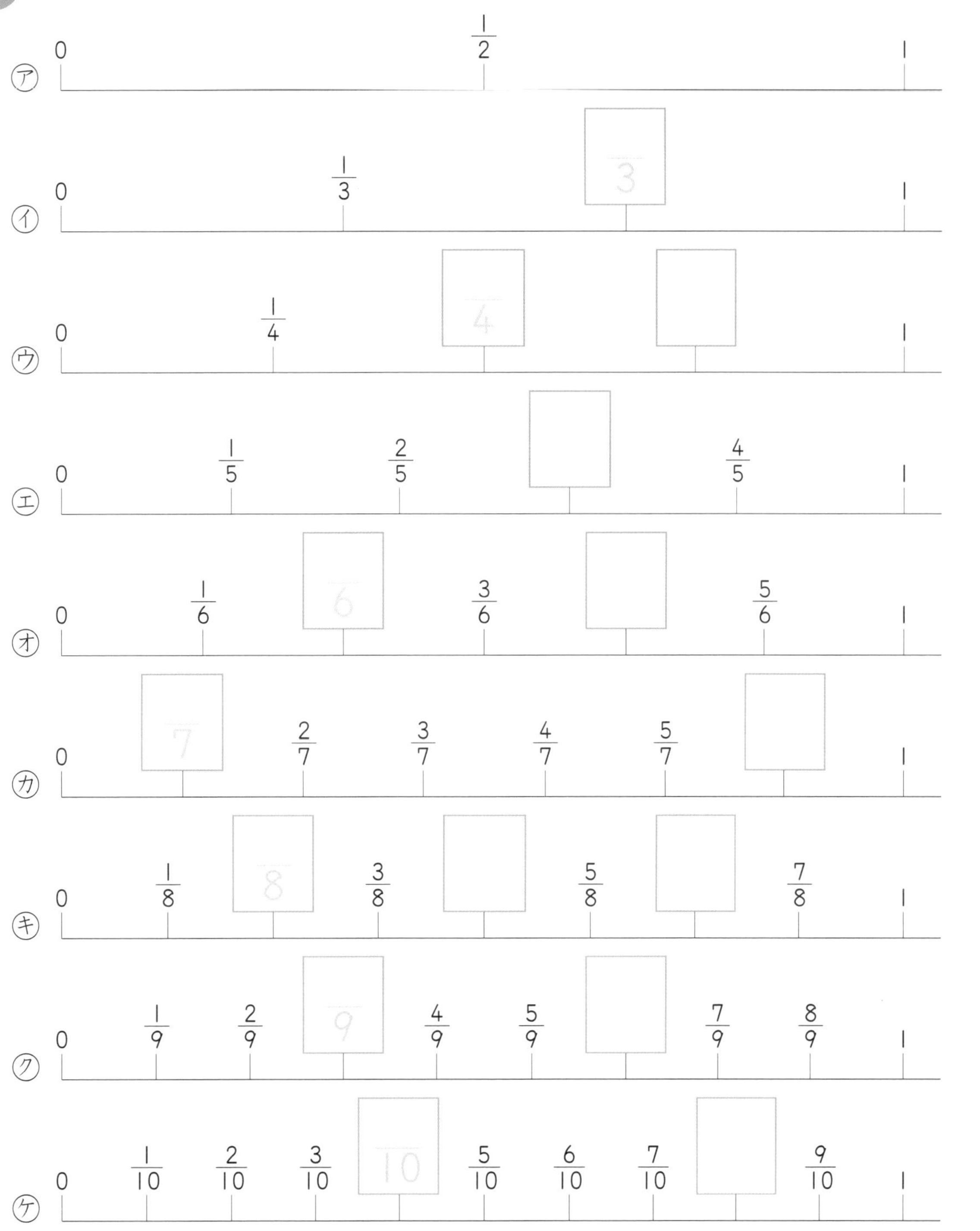

2 **1**の数直線を見て，次の問題に答えましょう。 〔1問　全部できて5点〕

① $\frac{1}{2}$と大きさの等しい分数を全部書きましょう。 (　　　　)

② $\frac{1}{3}$と大きさの等しい分数を全部書きましょう。 (　　　　)

③ $\frac{6}{9}$と大きさの等しい分数を全部書きましょう。 (　　　　)

3 **1**の数直線を見て，次の2つの分数のうち，大きいほうの分数を書きましょう。

〔1問　5点〕

① 〔 $\frac{1}{4}$, $\frac{3}{4}$ 〕 (　　　　)　② 〔 $\frac{2}{3}$, $\frac{2}{5}$ 〕 (　　　　)

覚えておこう

- 分母が同じとき，分子が大きい分数のほうが大きい。
- 分子が同じとき，分母が小さい分数のほうが大きい。

4 次の分数を，大きいほうから順に書きましょう。 〔1問　6点〕

① $\frac{4}{5}$, $\frac{1}{5}$, $\frac{2}{5}$, $\frac{3}{5}$ (　　　　)

② $\frac{3}{7}$, $\frac{3}{4}$, $\frac{3}{9}$, $\frac{3}{8}$ (　　　　)

5 次の分数を，小さいほうから順に書きましょう。 〔1問　6点〕

① $\frac{5}{8}$, $\frac{2}{8}$, $\frac{11}{8}$, $\frac{9}{8}$ (　　　　)

② $\frac{4}{3}$, $\frac{4}{7}$, $\frac{4}{5}$, $\frac{4}{9}$ (　　　　)

③ $\frac{5}{6}$, $\frac{3}{6}$, $\frac{7}{6}$, $\frac{6}{6}$ (　　　　)

まちがえた問題は，もう一度やり直してみよう。
まちがいがなくなるよ。

とく点　　　点

分数と小数 ②

月　日　名前

時　分

時　分

覚えておこう

● わり算の商（しょう）は分数で表すことができます。　**例**　$3 \div 5 = \frac{3}{5}$

1 次のわり算の商を分数で表しましょう。　〔1問　2点〕

① $3 \div 4 = \frac{3}{4}$

② $5 \div 7 = \frac{\square}{\square}$

③ $1 \div 3 =$

④ $7 \div 11 =$

⑤ $4 \div 9 =$

⑥ $9 \div 10 =$

⑦ $7 \div 8 =$

⑧ $3 \div 7 =$

⑨ $5 \div 12 =$

⑩ $9 \div 14 =$

⑪ $5 \div 4 = \frac{5}{4}$

⑫ $7 \div 3 =$

⑬ $10 \div 7 =$

⑭ $9 \div 4 =$

⑮ $11 \div 6 =$

⑯ $6 \div 5 =$

⑰ $12 \div 7 =$

⑱ $15 \div 8 =$

2 次の□にあてはまる数を書きましょう。　〔1問　4点〕

① $\frac{2}{5}=2\div\square$　　② $\frac{1}{6}=\square\div 6$

③ $\frac{7}{4}=\square\div 4$　　④ $\frac{11}{9}=11\div\square$

3 わり算をして，分数を小数になおしましょう。　〔1問　3点〕

① $\frac{2}{5}=$　　② $\frac{3}{5}=$

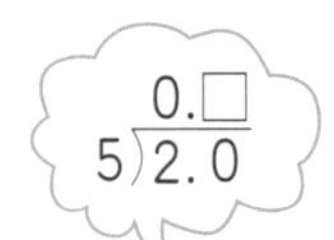

③ $\frac{4}{5}=$　　④ $\frac{6}{5}=$

1.□
5)6.0

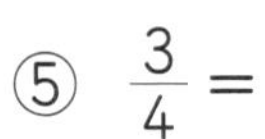

⑤ $\frac{3}{4}=$　　⑥ $\frac{5}{4}=$

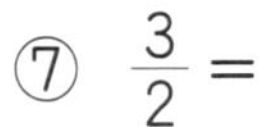

⑦ $\frac{3}{2}=$　　⑧ $\frac{5}{2}=$

⑨ $\frac{7}{8}=$　　⑩ $\frac{9}{8}=$

⑪ $\frac{1}{10}=$　　⑫ $\frac{17}{10}=$

⑬ $\frac{1}{4}=$　　⑭ $\frac{1}{8}=$

⑮ $\frac{1}{16}=$　　⑯ $\frac{5}{16}=$

答えを書き終わったら，見直しをして，まちがいをなくそう。

とく点　　点

分数と小数 ③

月　日　名前

始め　時　分
終わり　時　分

覚えておこう

$0.1=\frac{1}{10}$, $0.2=\frac{2}{10}$, $0.3=\frac{3}{10}$, ……

$0.01=\frac{1}{100}$, $0.02=\frac{2}{100}$, $0.03=\frac{3}{100}$, ……

1 次の小数を分母が10や100の分数になおしましょう。〔1問　2点〕

① $0.3=\frac{}{10}$　② $0.7=$　③ $0.9=$

④ $0.4=$　⑤ $0.5=$　⑥ $1.1=\frac{}{10}$

⑦ $1.3=$　⑧ $1.8=$　⑨ $2.7=$

⑩ $3.9=$　⑪ $0.03=\frac{}{100}$　⑫ $0.07=$

⑬ $0.09=$　⑭ $0.08=$　⑮ $0.13=$

⑯ $0.27=$　⑰ $0.35=$　⑱ $1.13=\frac{}{100}$

⑲ $2.23=$　⑳ $1.07=$

2 次の小数は分母が10や100の分数に，分数は小数になおしましょう。 〔1問　3点〕

① 0.3＝

② 1.5＝

③ 0.71＝

④ 2.49＝

⑤ 1.01＝

⑥ $\frac{9}{10}$＝

⑦ $\frac{4}{5}$＝

⑧ $\frac{6}{4}$＝

⑨ $\frac{7}{20}$＝

⑩ $\frac{37}{100}$＝

3 次の各組の数を小数か分数になおして大きさをくらべて，□にあてはまる等号(＝)か不等号(＞，＜)を書きましょう。 〔1問　4点〕

① $\frac{1}{2}$ □ 0.4

② 0.25 □ $\frac{3}{10}$

③ $\frac{1}{4}$ □ 0.23

④ 0.67 □ $\frac{3}{5}$

⑤ 1.5 □ $\frac{8}{5}$

⑥ $\frac{36}{100}$ □ 0.35

4 次の数を大きいほうから順に書きましょう。 〔6点〕

〔 1.6 ， 0.7 ， $\frac{3}{4}$ ， $\frac{9}{5}$ ， $1\frac{1}{2}$ 〕

(　　　　　　　　　　　　　　　　)

答えを書き終わったら，見直しをして，まちがいをなくそう。

とく点　　　点

角の大きさ ①

月　日　名前

覚えておこう

●三角形の３つの角の和は180°です。

角A（エー）＋角B（ビー）＋角C（シー）＝180°

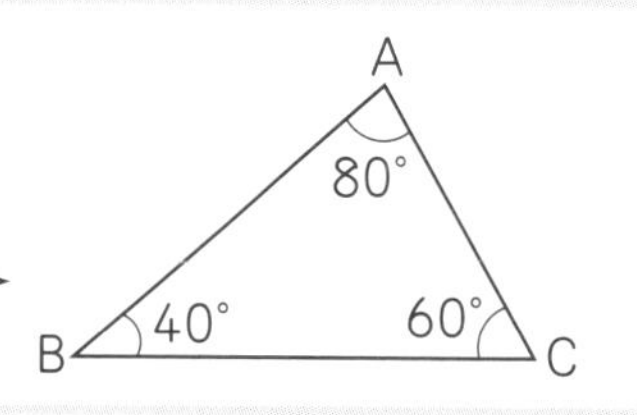

1 次の三角形のあの角度を計算で求めましょう。〔1問　4点〕

①

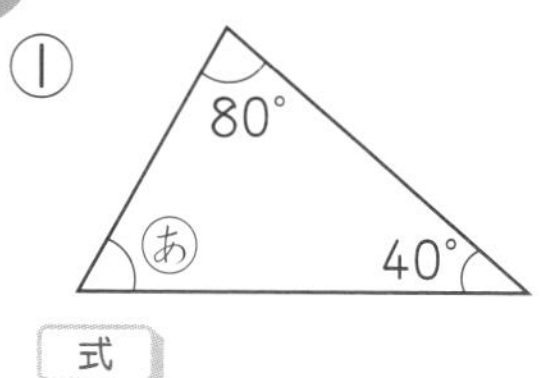

式

答え（　　　）

②

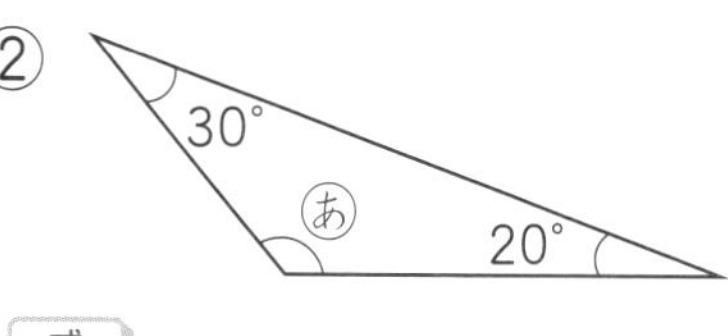
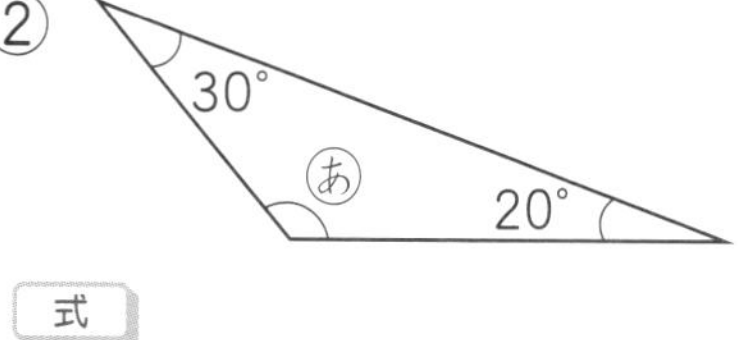

式

答え（　　　）

③

式

答え（　　　）

④

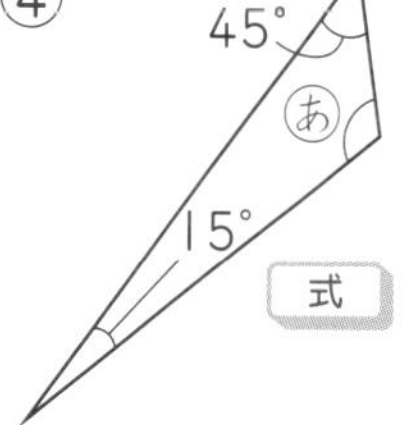

式

答え（　　　）

⑤

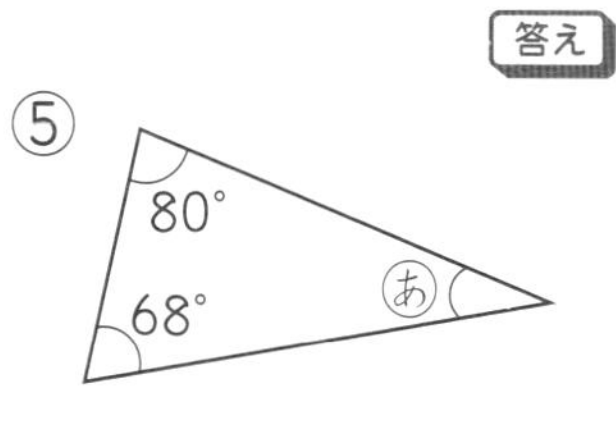

式

答え（　　　）

⑥

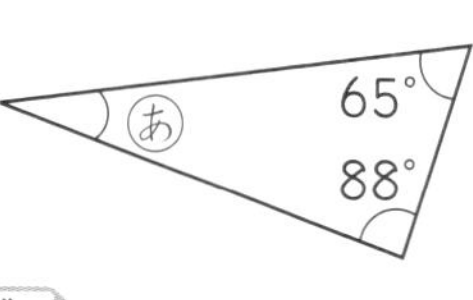

式

答え（　　　）

⑦

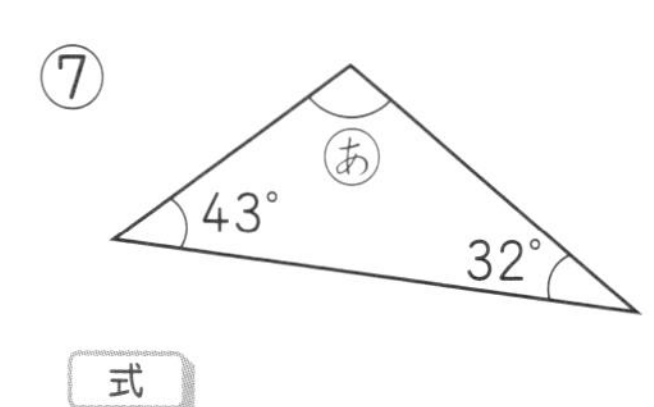

式

答え（　　　）

⑧

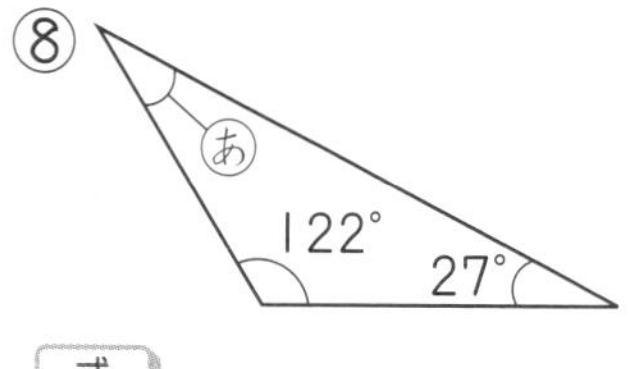

式

答え（　　　）

2 次の三角形のあの角度を計算で求めましょう。 〔1問　5点〕

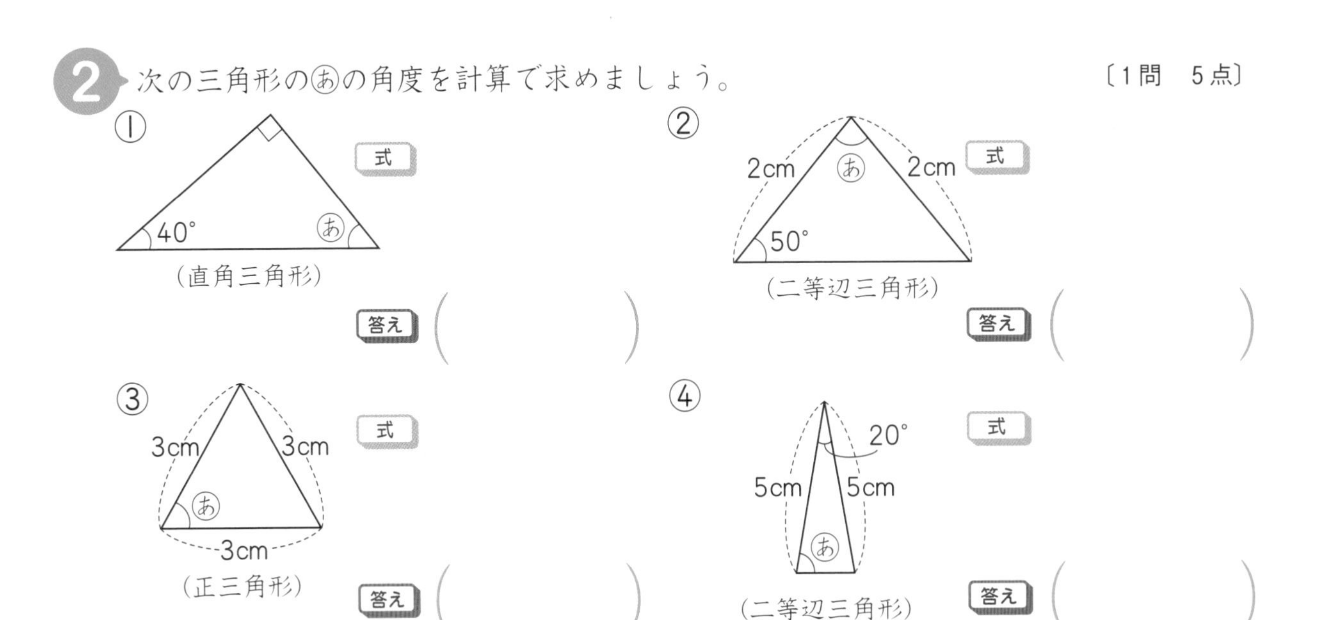

3 下の図のあの角度を計算で求めましょう。 〔1問　8点〕

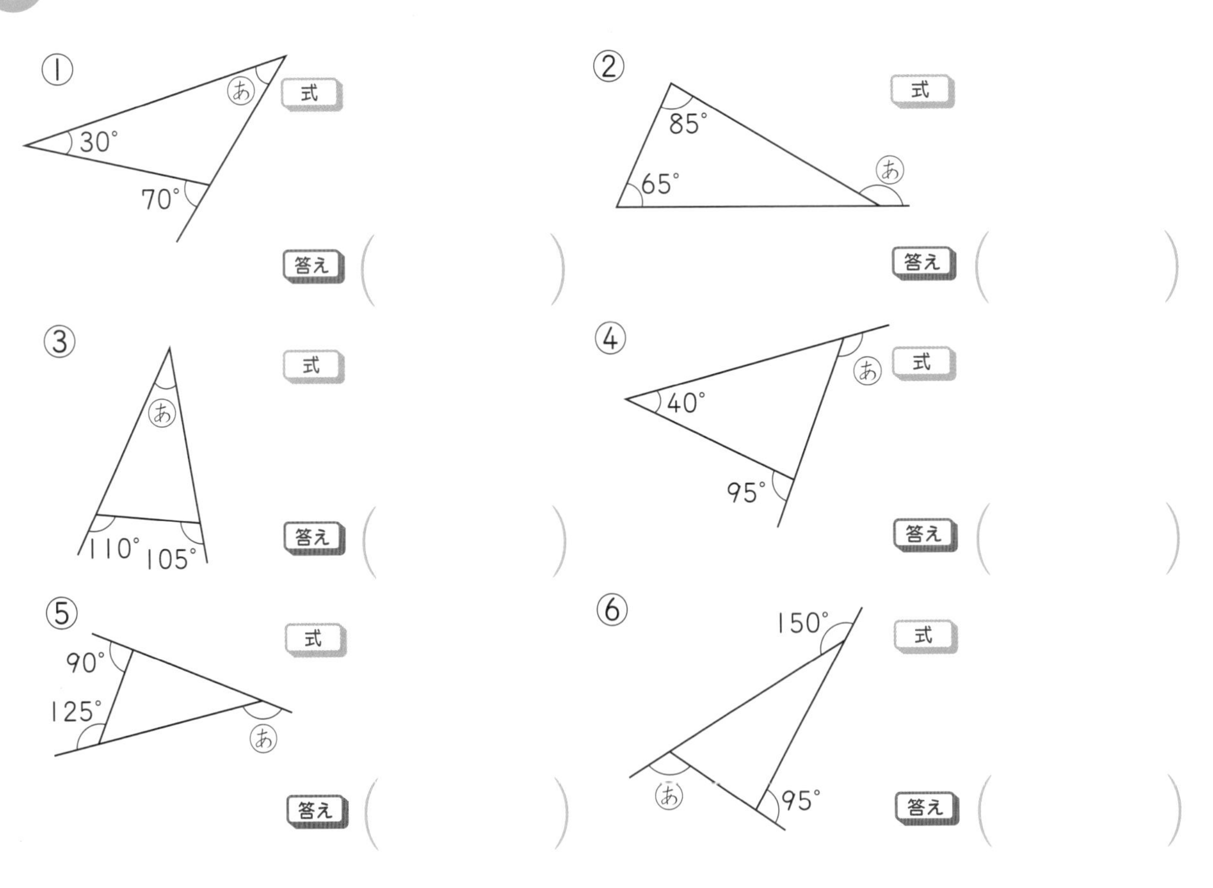

まちがえた問題は，やり直してどこでまちがえたのか，よくたしかめておこう。

とく点　　　点

角の大きさ ②

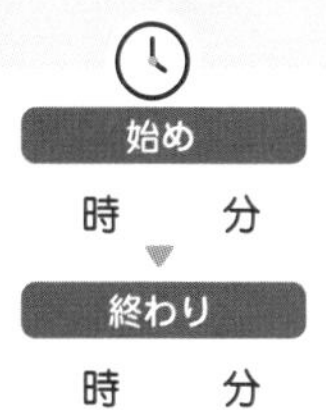

月　日　名前

1 四角形は，対角線で２つの三角形に分けることができます。〔６点〕
三角形の角の大きさの和を考えると，四角形の４つの角の和は何度になりますか。

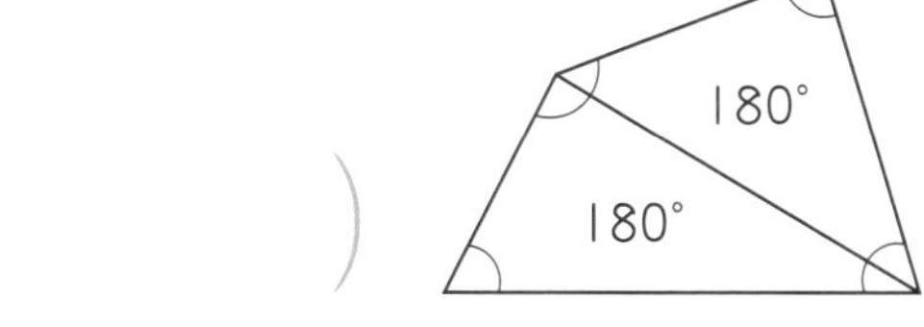

(　　　　)

2 四角形の４つの角の和は360°です。次の図のあの角度を計算で求めましょう。〔１問　６点〕

①

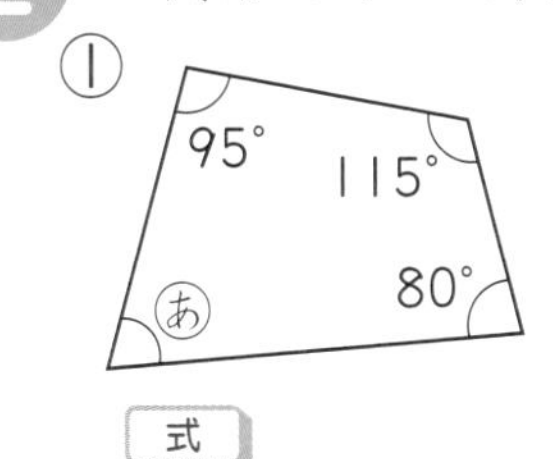

式

答え (　　　　)

②

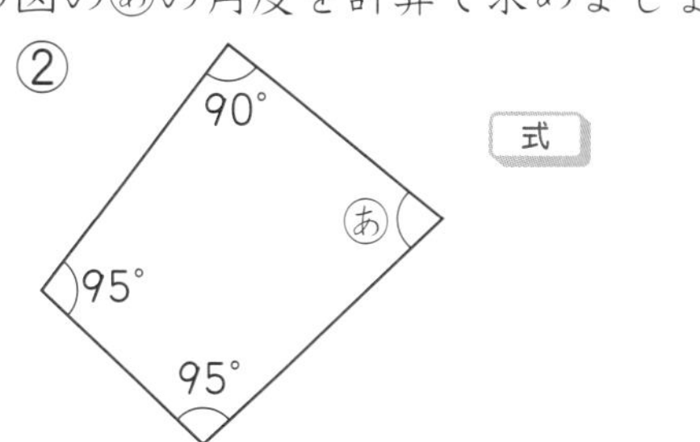

式

答え (　　　　)

③

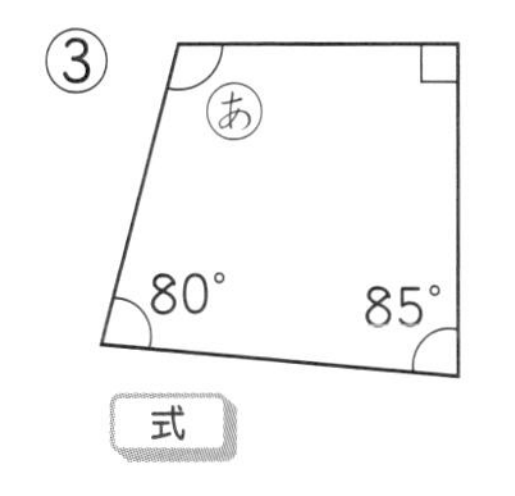

式

答え (　　　　)

④

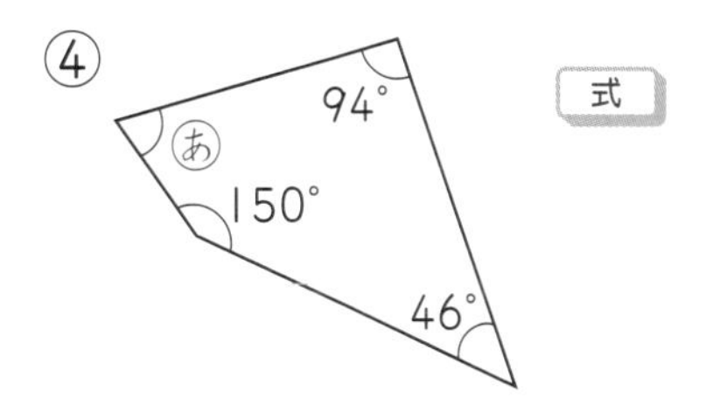

式

答え (　　　　)

⑤

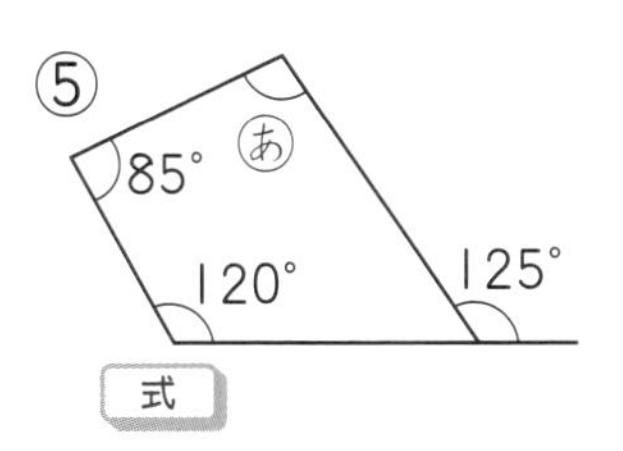

式

答え (　　　　)

⑥

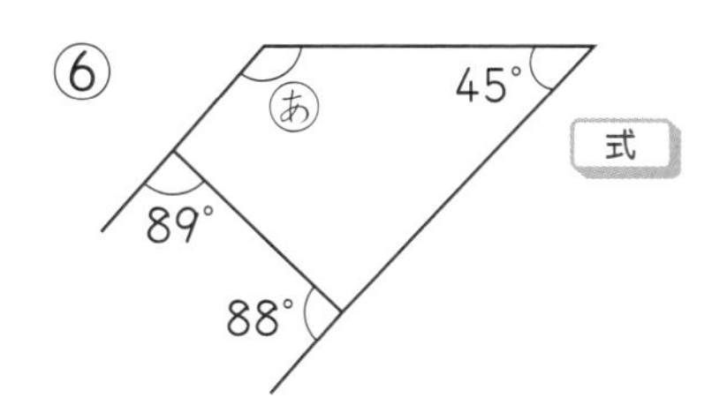

式

答え (　　　　)

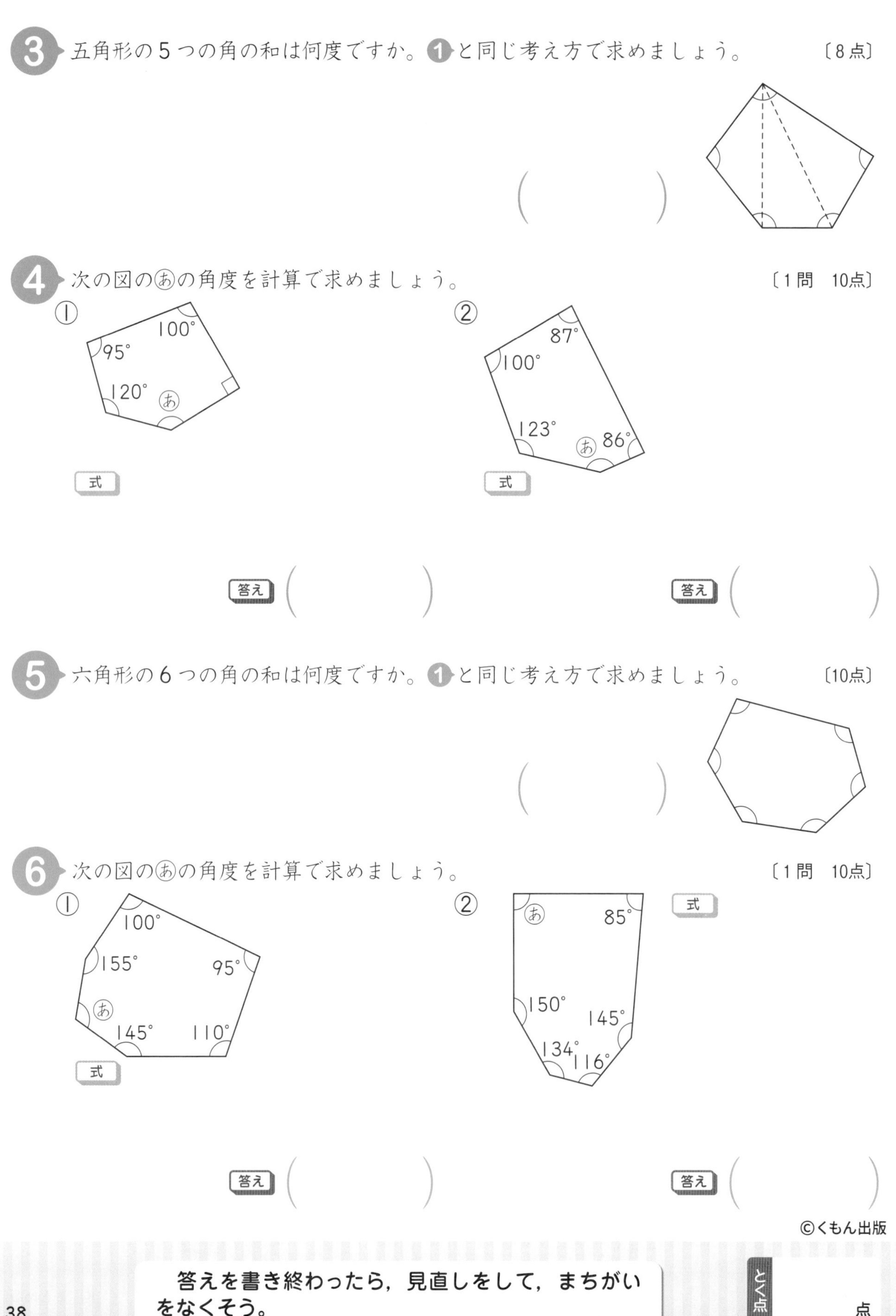

3 五角形の５つの角の和は何度ですか。**1**と同じ考え方で求めましょう。〔8点〕

（　　　　）

4 次の図の㋐の角度を計算で求めましょう。〔1問　10点〕

①

式

答え（　　　　）

②

式

答え（　　　　）

5 六角形の６つの角の和は何度ですか。**1**と同じ考え方で求めましょう。〔10点〕

（　　　　）

6 次の図の㋐の角度を計算で求めましょう。〔1問　10点〕

①

式

答え（　　　　）

②

式

答え（　　　　）

答えを書き終わったら，見直しをして，まちがいをなくそう。

とく点　　　点

合同な図形 ①

月　日　名前

1 下の図の中で，左の㋐の三角形と形も大きさも同じ三角形はどれとどれですか。あてはまるものをすべて選んで記号で書きましょう。〔全部できて５点〕

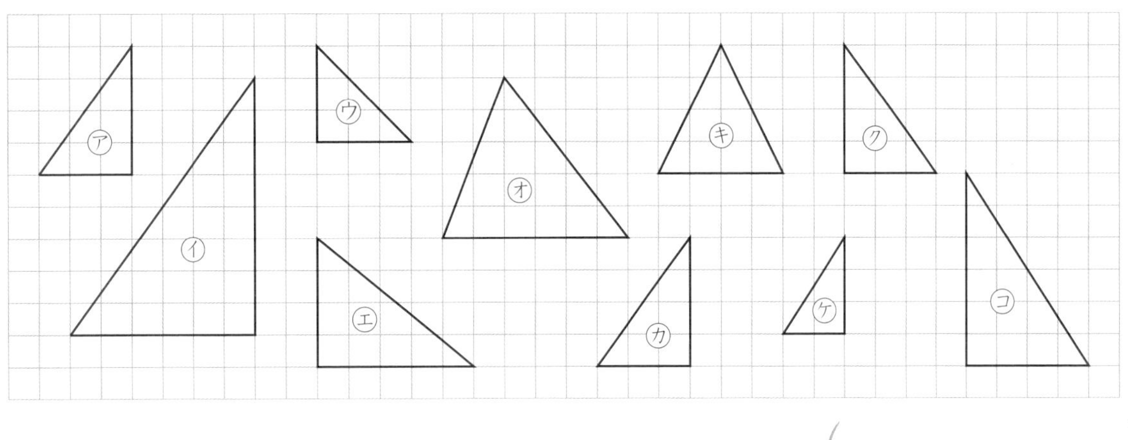

（　　　　）

覚えておこう

● 形も大きさも同じで，ぴったり重ね合わすことのできる２つの図形は**合同**（ごうどう）であるといいます。

2 合同な図形はどれとどれですか。あてはまるものを４組選んで，記号で書きましょう。〔１組　５点〕

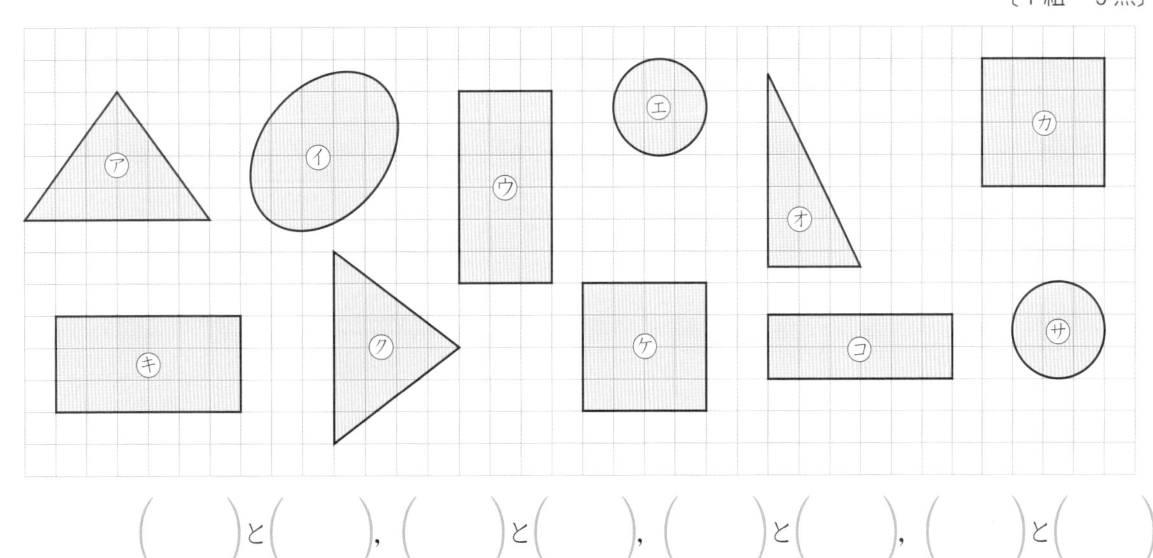

（　　）と（　　），（　　）と（　　），（　　）と（　　），（　　）と（　　）

3 合同な図形で，重なり合う頂点（ちょうてん），辺，角を，それぞれ**対応（たいおう）**する頂点（ちょうてん），対応（たいおう）する辺，対応（たいおう）する角といいます。右の合同な２つの三角形について，次の問題に答えましょう。

〔1問　5点〕

A　B　C　E　F　D

① 頂点Ａ（ちょうてんエー）に対応（たいおう）する頂点（ちょうてん）はどれですか。

頂点（ちょうてん）（　　　）

② 頂点Ｂ（ちょうてんビー）に対応（たいおう）する頂点（ちょうてん）はどれですか。

頂点（ちょうてん）（　　　）

③ 頂点Ｃ（ちょうてんシー）に対応（たいおう）する頂点（ちょうてん）はどれですか。

頂点（ちょうてん）（　　　）

④ 辺ＡＢに対応（たいおう）する辺はどれですか。

辺（　　　）

⑤ 辺ＢＣに対応（たいおう）する辺はどれですか。

辺（　　　）

⑥ 辺ＣＡに対応（たいおう）する辺はどれですか。

辺（　　　）

⑦ 角Ａに対応（たいおう）する角はどれですか。

角（　　　）

⑧ 角Ｂに対応（たいおう）する角はどれですか。

角（　　　）

⑨ 角Ｃに対応（たいおう）する角はどれですか。

角（　　　）

4 合同な図形の対応（たいおう）する辺の長さと角の大きさは等しくなっています。右の合同な２つの四角形について次の問題に答えましょう。　〔1問　5点〕

A　2cm　D　B　60°　C　E　H　3cm　F　G

① 頂点Ｇ（ちょうてんジー）に対応（たいおう）する頂点（ちょうてん）はどれですか。

頂点（ちょうてん）（　　　）

② 辺ＢＣに対応（たいおう）する辺はどれですか。

辺（　　　）

③ 角Ｄ（ディー）に対応（たいおう）する角はどれですか。

角（　　　）

④ 辺ＥＨ（イーエイチ）の長さは何cmですか。

（　　　）

⑤ 辺ＣＤの長さは何cmですか。

（　　　）

⑥ 角Ｆ（エフ）の大きさは何度ですか。

（　　　）

かたむいていたり，うらがえしになっていたりしても合同な図形だね。

とく点　　　点

合同な図形 

始め

時　分

終わり

時　分

月　日　名前

1 右の図のような平行四辺形ＡＢＣＤを１本の対角線で分けたときにできる，２つの三角形をくらべます。　〔1問　5点〕

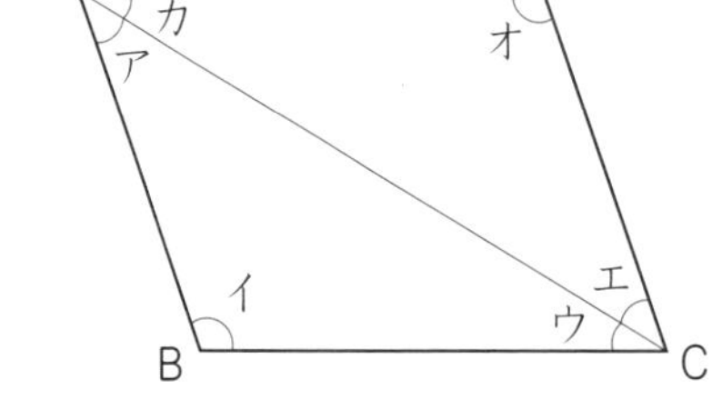

① 辺ＡＢと長さが等しい辺はどれですか。

② 辺ＢＣと長さが等しい辺はどれですか。

③ 辺ＣＡと長さが等しい辺はどれですか。

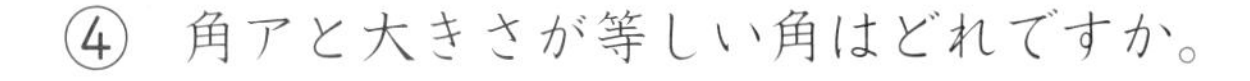

④ 角アと大きさが等しい角はどれですか。

⑤ 角イと大きさが等しい角はどれですか。

⑥ 角ウと大きさが等しい角はどれですか。

⑦ ２つの三角形は，合同だといえますか。

2 右の図のように，平行四辺形を１本の対角線で分けると，合同な三角形が２つできます。その三角形は，どれとどれですか。　〔全部できて５点〕

（三角形　　　）と（三角形　　　）

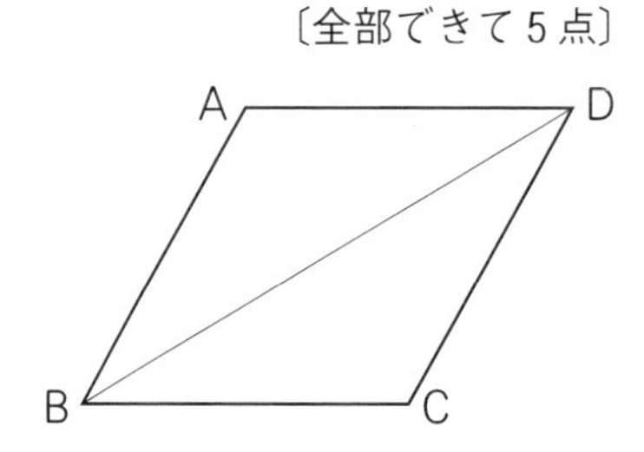

3 右の図のように，平行四辺形を２本の対角線で分けると，４つの三角形ができます。　〔1問　6点〕

① 三角形ＡＢＯ（オー）と合同な三角形はどれですか。

（　　　）

② 三角形ＢＣＯと合同な三角形はどれですか。

（　　　）

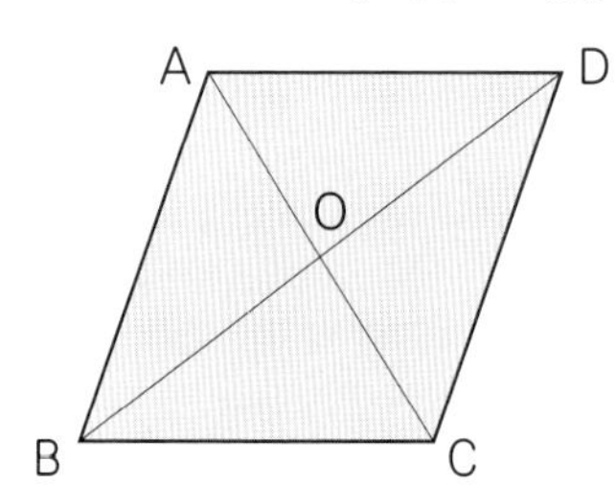

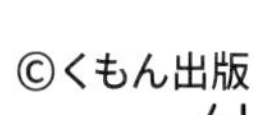

4 右の図のように，長方形を２本の対角線で分けます。〔1問　6点〕

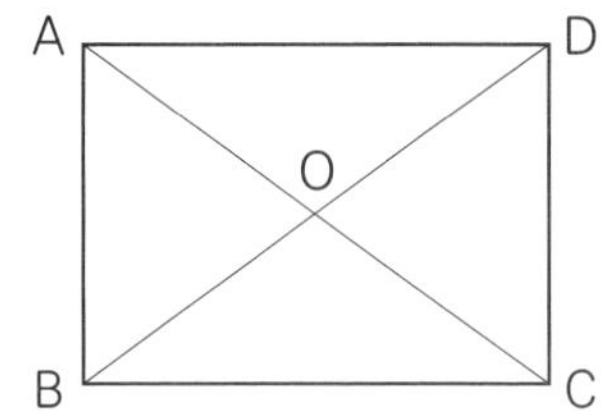

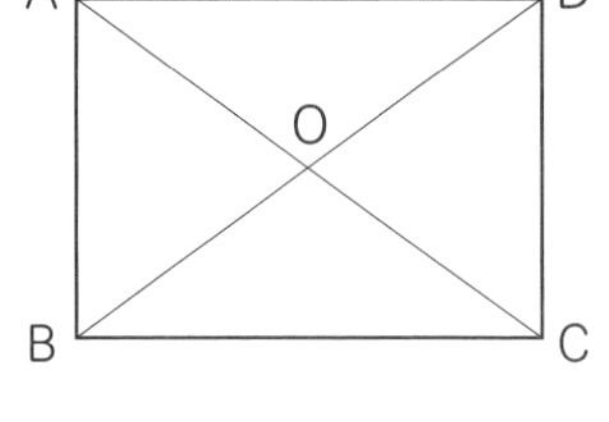

① 三角形ＡＢＤと合同な三角形はどれですか。１つ書きましょう。

（　　　　　　　　）

② 三角形ＡＢＯと合同な三角形はどれですか。

（　　　　　　　　）

③ 三角形ＢＣＯと合同な三角形はどれですか。

（　　　　　　　　）

5 右の図のように，ひし形を２本の対角線で分けます。〔1問　全部できて6点〕

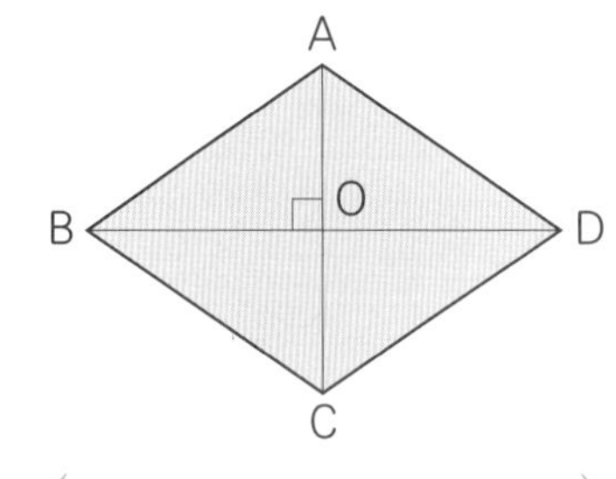

① 三角形ＡＢＤと合同な三角形はどれですか。

（　　　　　　　　）

② 三角形ＡＢＯと合同な三角形はどれですか。全部書きましょう。

（　　　　　　　　）と（　　　　　　　　）と（　　　　　　　　）

6 右の図のように，正方形を２本の対角線で分けます。〔1問　全部できて9点〕

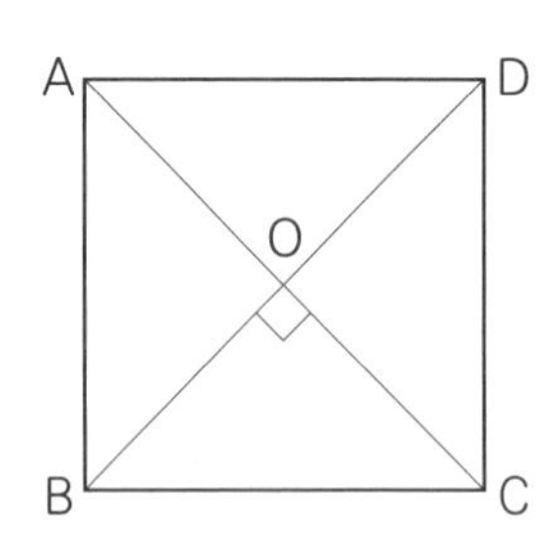

① 三角形ＡＢＯと合同な三角形はどれですか。全部書きましょう。

（　　　　　　　　）と（　　　　　　　　）と（　　　　　　　　）

② 三角形ＡＢＤと合同な三角形はどれですか。全部書きましょう。

（　　　　　　　　）と（　　　　　　　　）と（　　　　　　　　）

合同な図形はみつけられたかな。まちがえた問題は，もう一度やり直してみよう。

とく点　　点

合同な図形 ③

月　　日　名前

始め　時　分
終わり　時　分

1 コンパスと分度器を使って次の三角形と合同な三角形を□にかきましょう。〔1問　14点〕

①

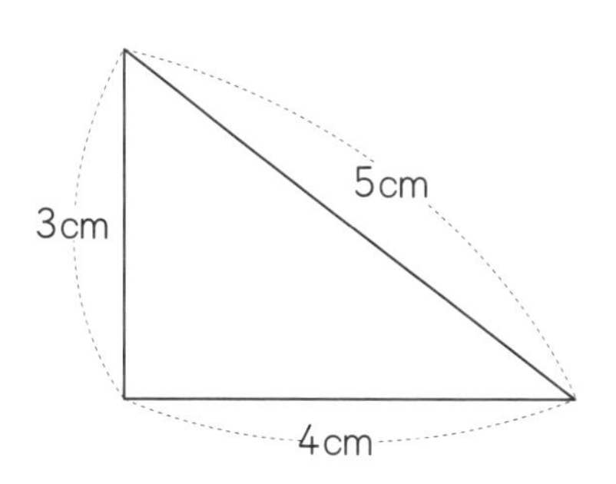

②

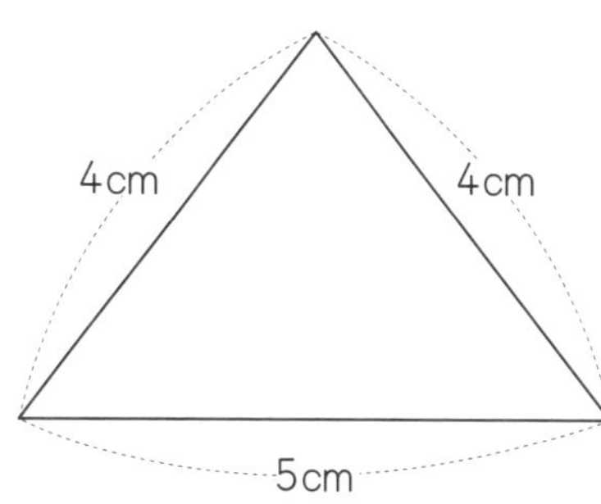

③

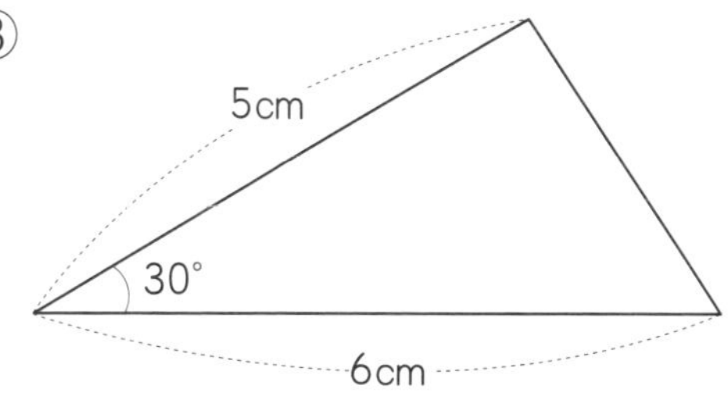

④

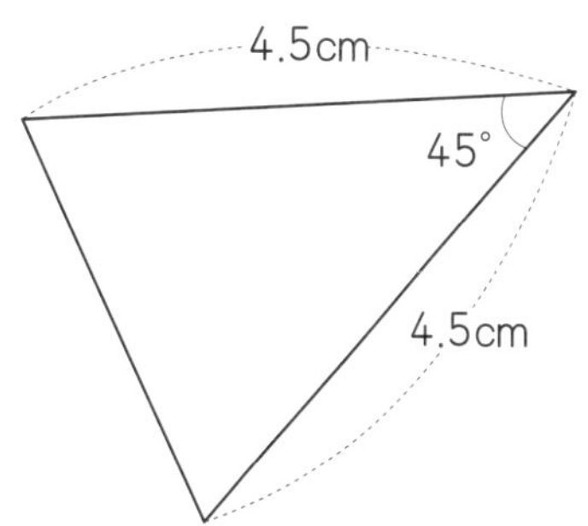

30°

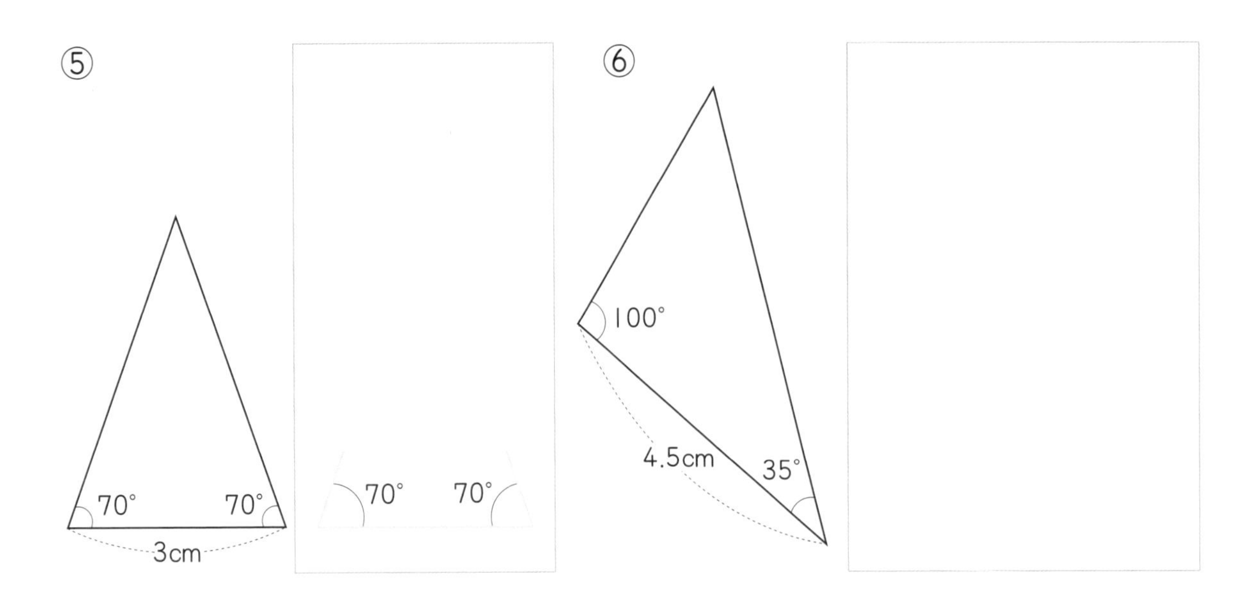

2 下の図の三角形アイウの辺の長さや角の大きさをはかって，この三角形と合同な三角形をかきましょう。 〔16点〕

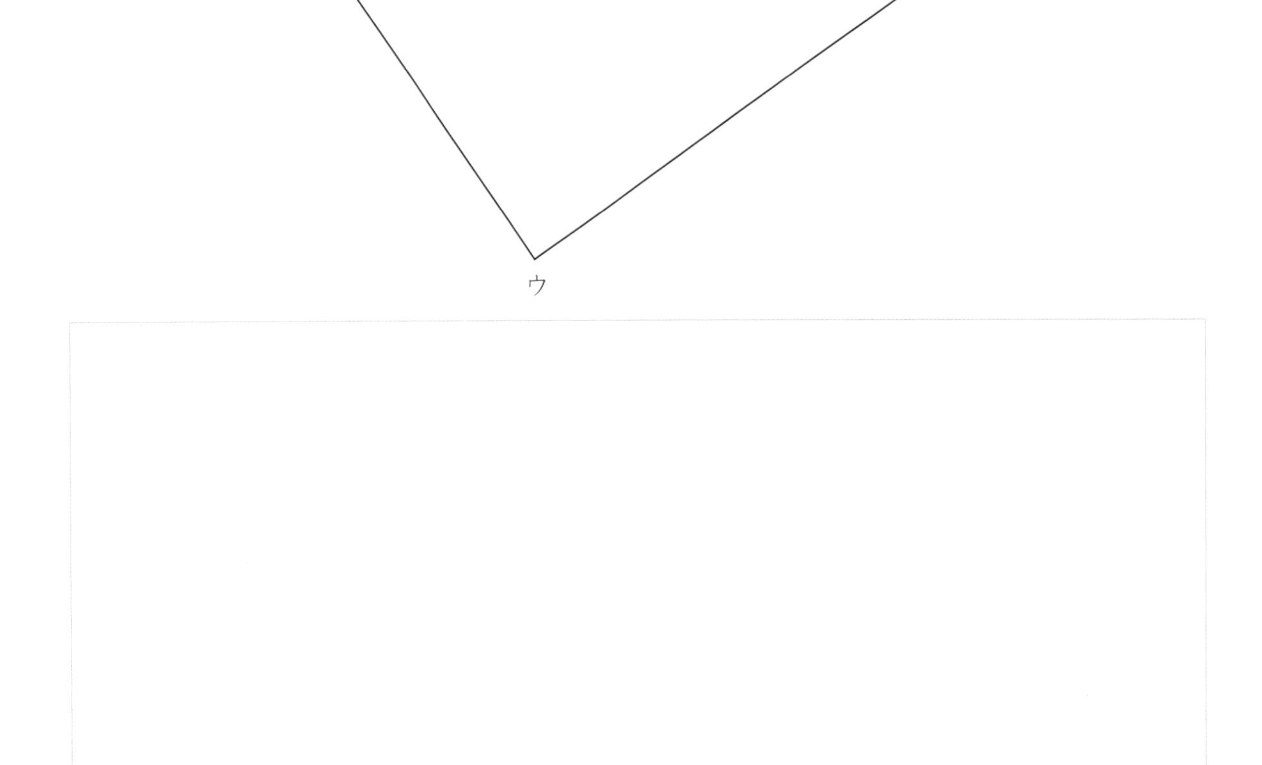

まちがえた問題は，やり直してどこでまちがえたのか，よくたしかめておこう。

とく点　　点

合同な図形 ④

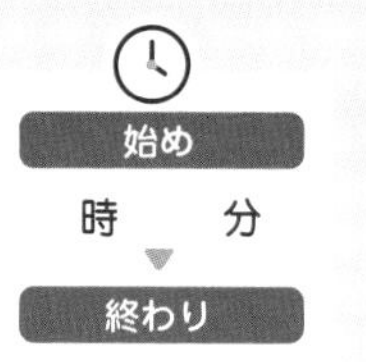

月　日　名前

1 四角形を１本の対角線で分けると，２つの三角形ができます。このことから，合同な四角形は，三角形のかき方をもとにしてかくことができます。次の図の四角形と合同な四角形を□の中にかきましょう。〔1問　15点〕

①

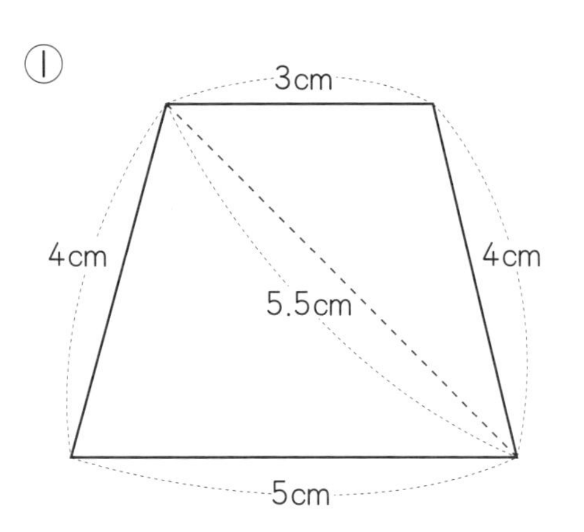

②

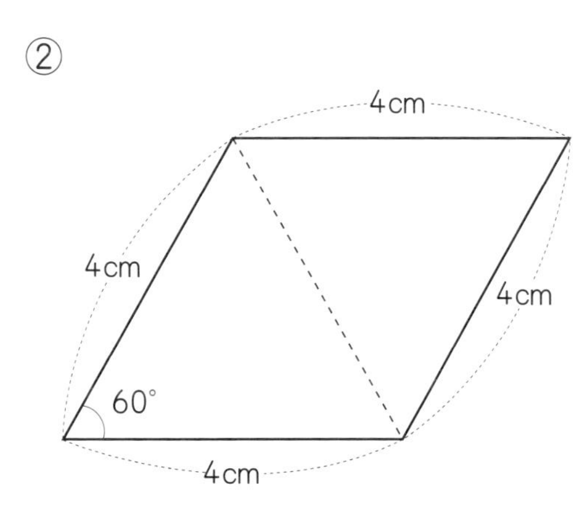

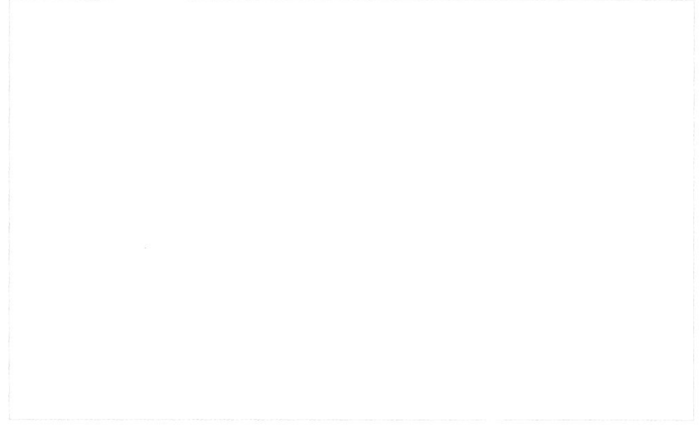

③

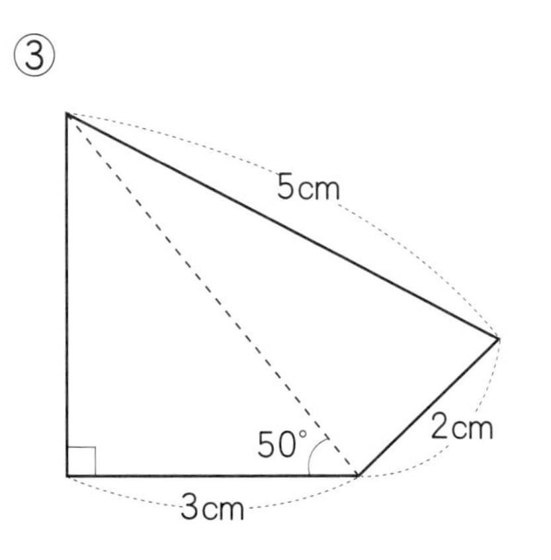

2 合同な四角形は，下の例のようにしてもかくことができます。①～③の四角形と合同な四角形を□の中にかきましょう。 〔① 15点，②③ 各20点〕

例

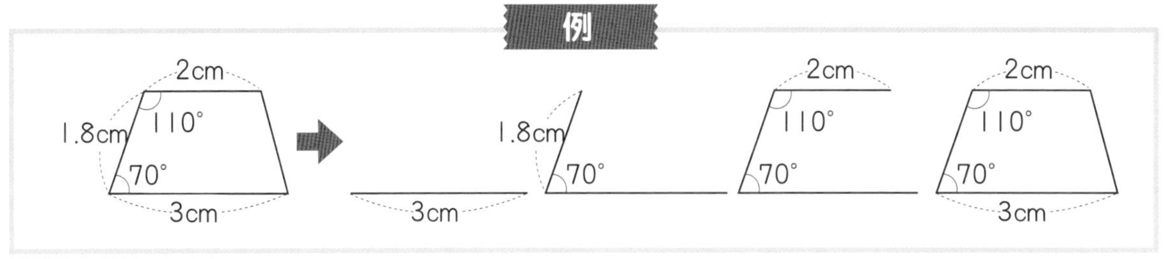

①

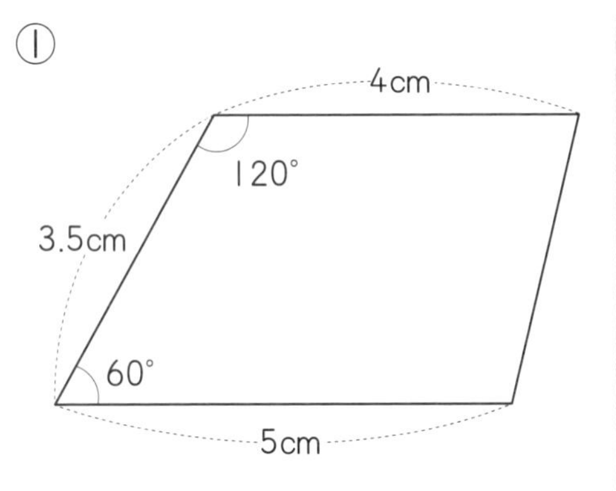

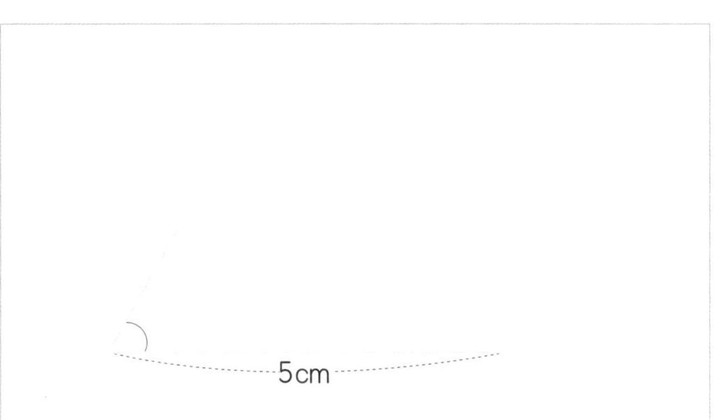

②

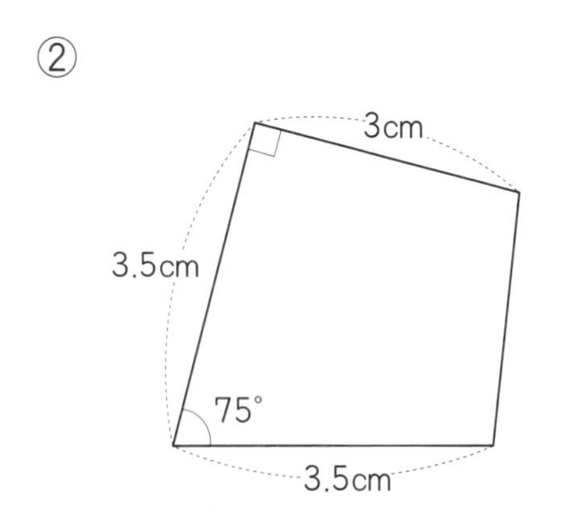

③

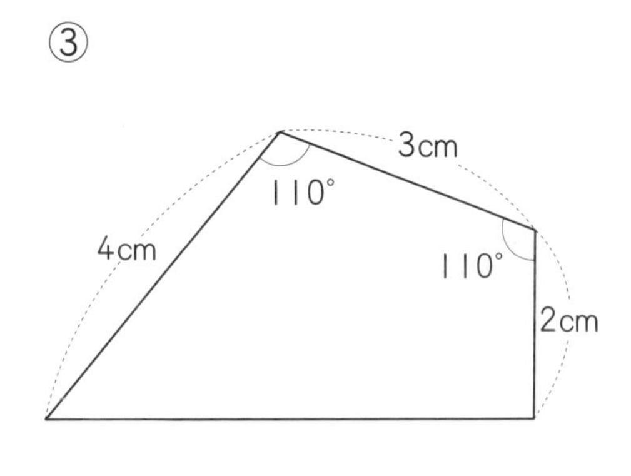

答えをかき終わったら，見直しをして，まちがいをなくそう。

とく点　　点

覚えておこう

平行四辺形の面積＝底辺×高さ

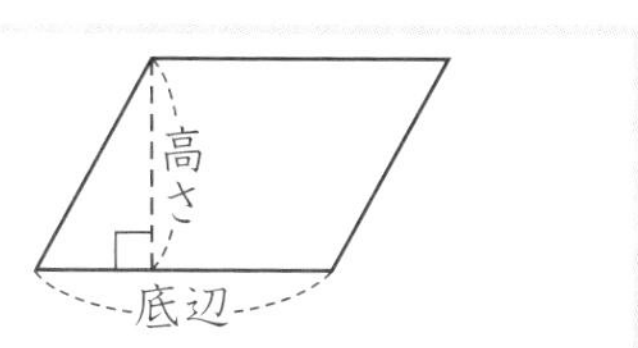

1 次のような平行四辺形の面積は何cm²ですか。 〔1問 6点〕

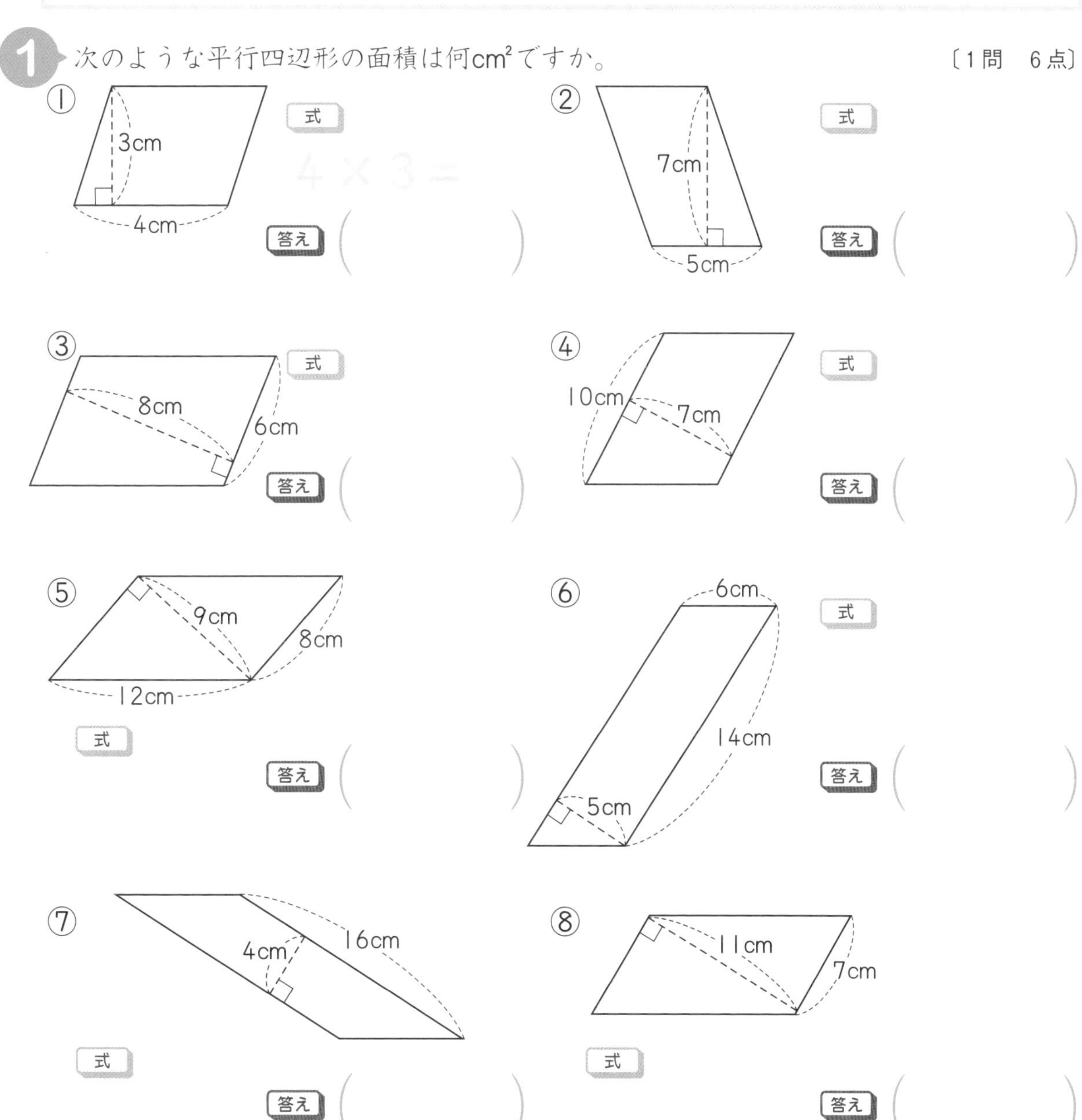

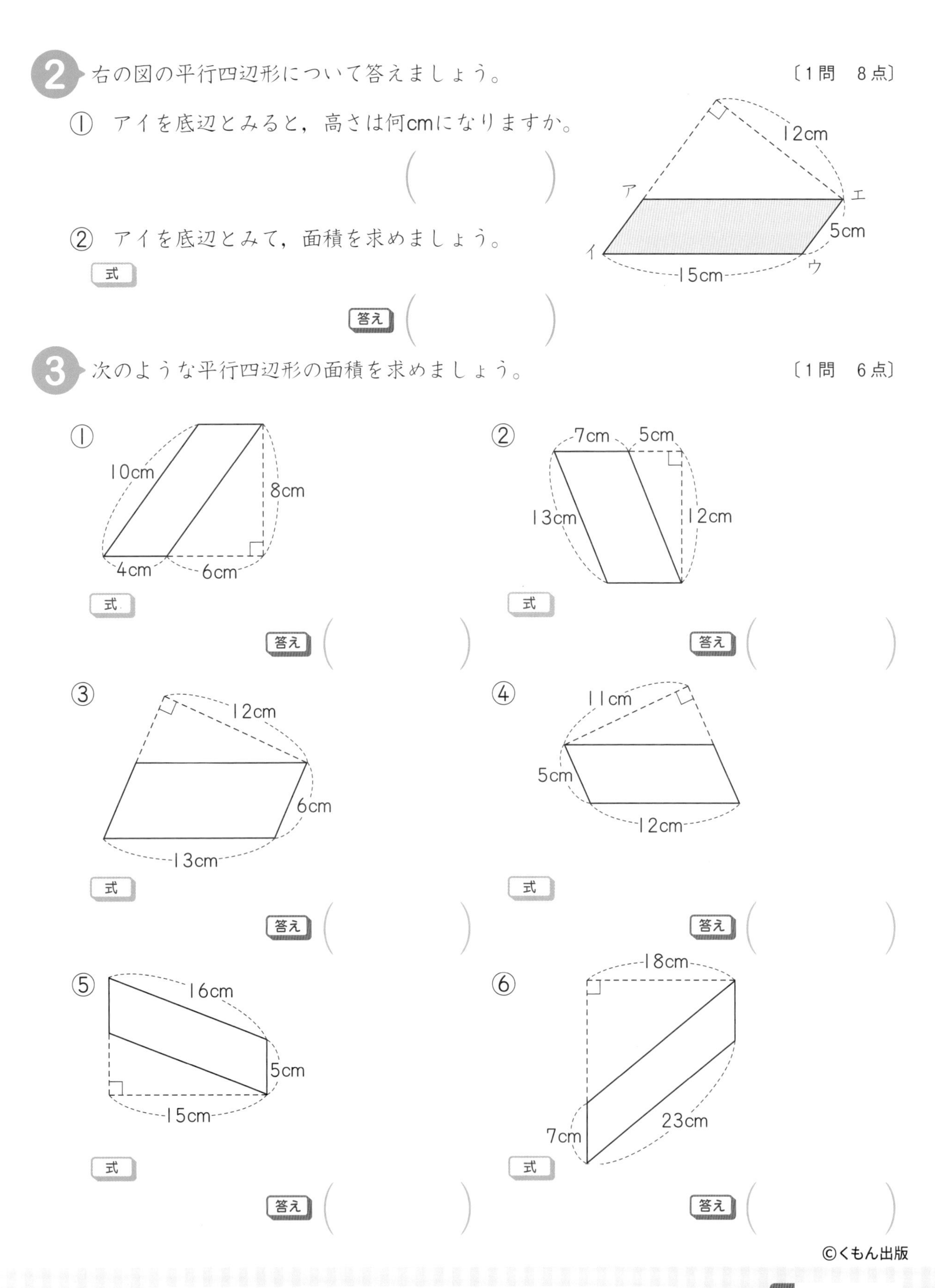

2 右の図の平行四辺形について答えましょう。　〔1問　8点〕

① アイを底辺とみると，高さは何cmになりますか。

（　　　　）

② アイを底辺とみて，面積を求めましょう。

式

答え（　　　　）

3 次のような平行四辺形の面積を求めましょう。　〔1問　6点〕

①

式

答え（　　　　）

②

式

答え（　　　　）

③

式

答え（　　　　）

④

式

答え（　　　　）

⑤

式

答え（　　　　）

⑥

式

答え（　　　　）

平行四辺形の面積の求め方は大切なので，しっかりと覚えておこう。

とく点　　　　点

面積 ②

月　　日　名前

始め　時　分
終わり　時　分

覚えておこう

三角形の面積＝底辺×高さ÷2

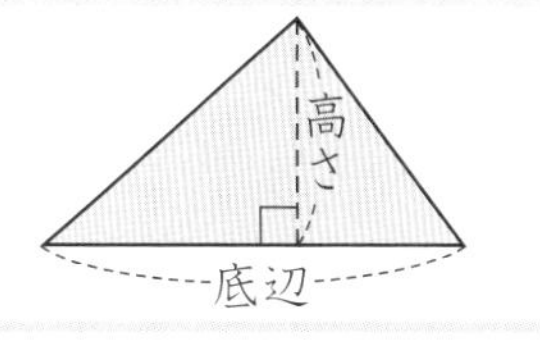

1 次のような三角形の面積は何cm^2ですか。　〔1問　6点〕

①

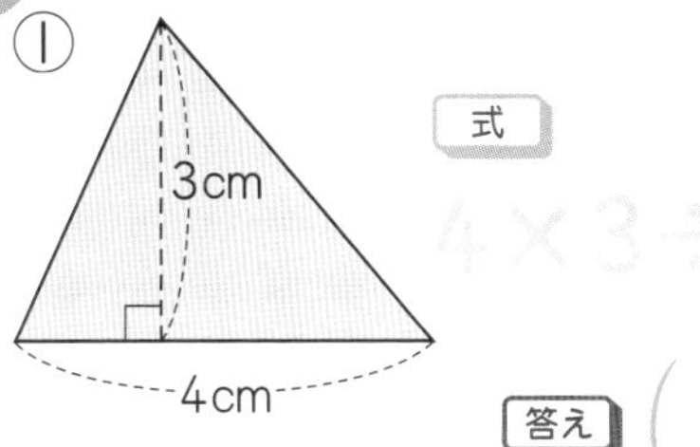

式

答え（　　　）

②

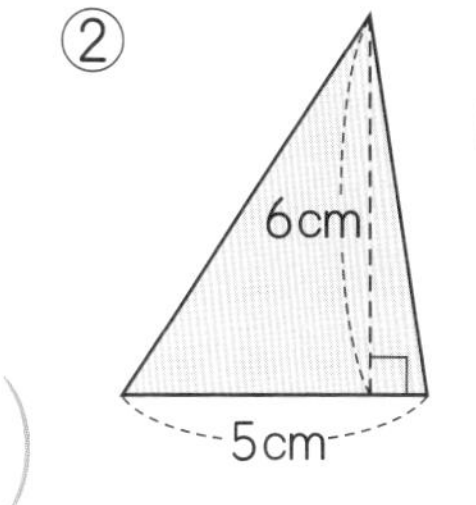

式

答え（　　　）

③

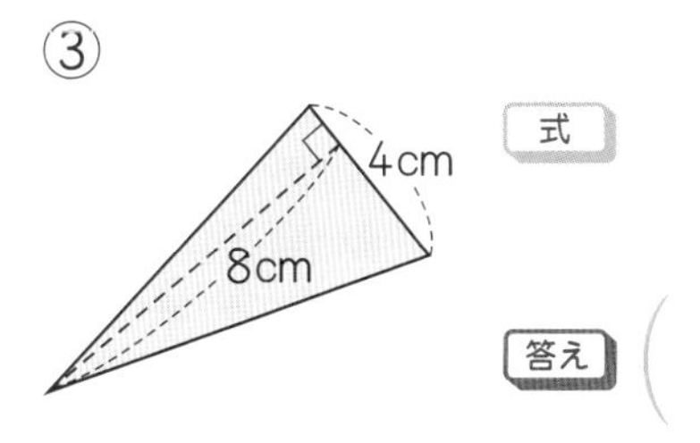

式

答え（　　　）

④

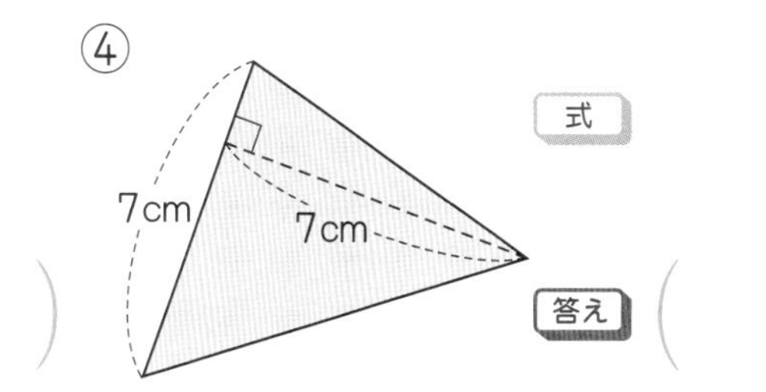

式

答え（　　　）

⑤

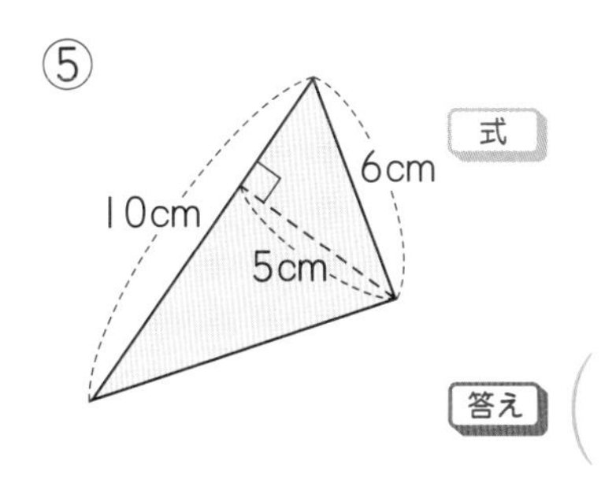

式

答え（　　　）

⑥

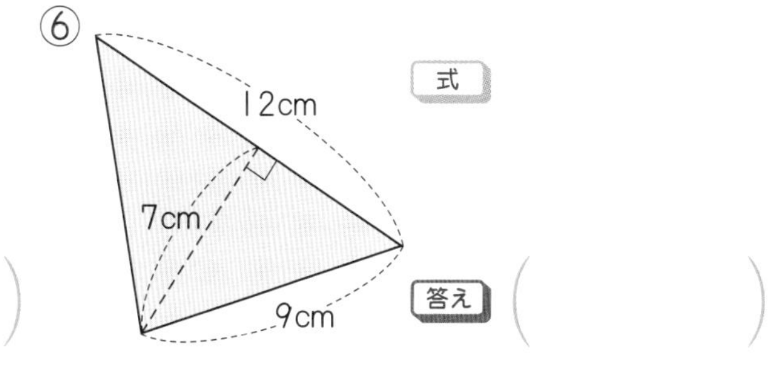

式

答え（　　　）

⑦

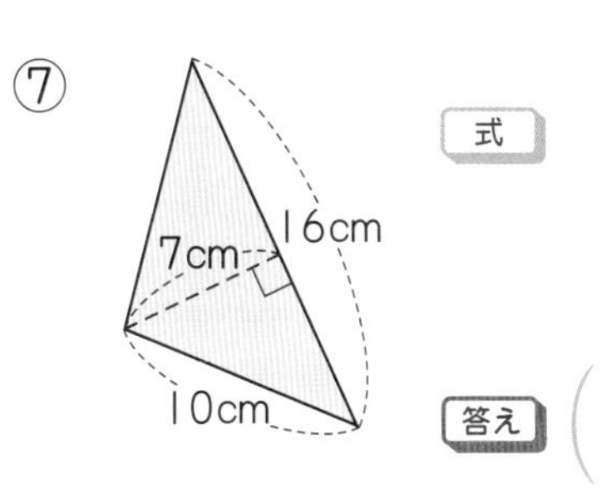

式

答え（　　　）

⑧

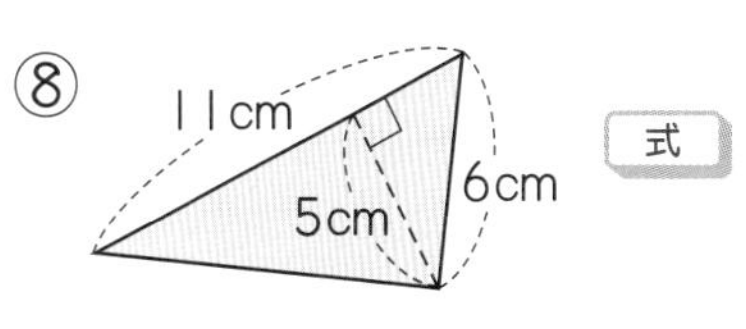

式

答え（　　　）

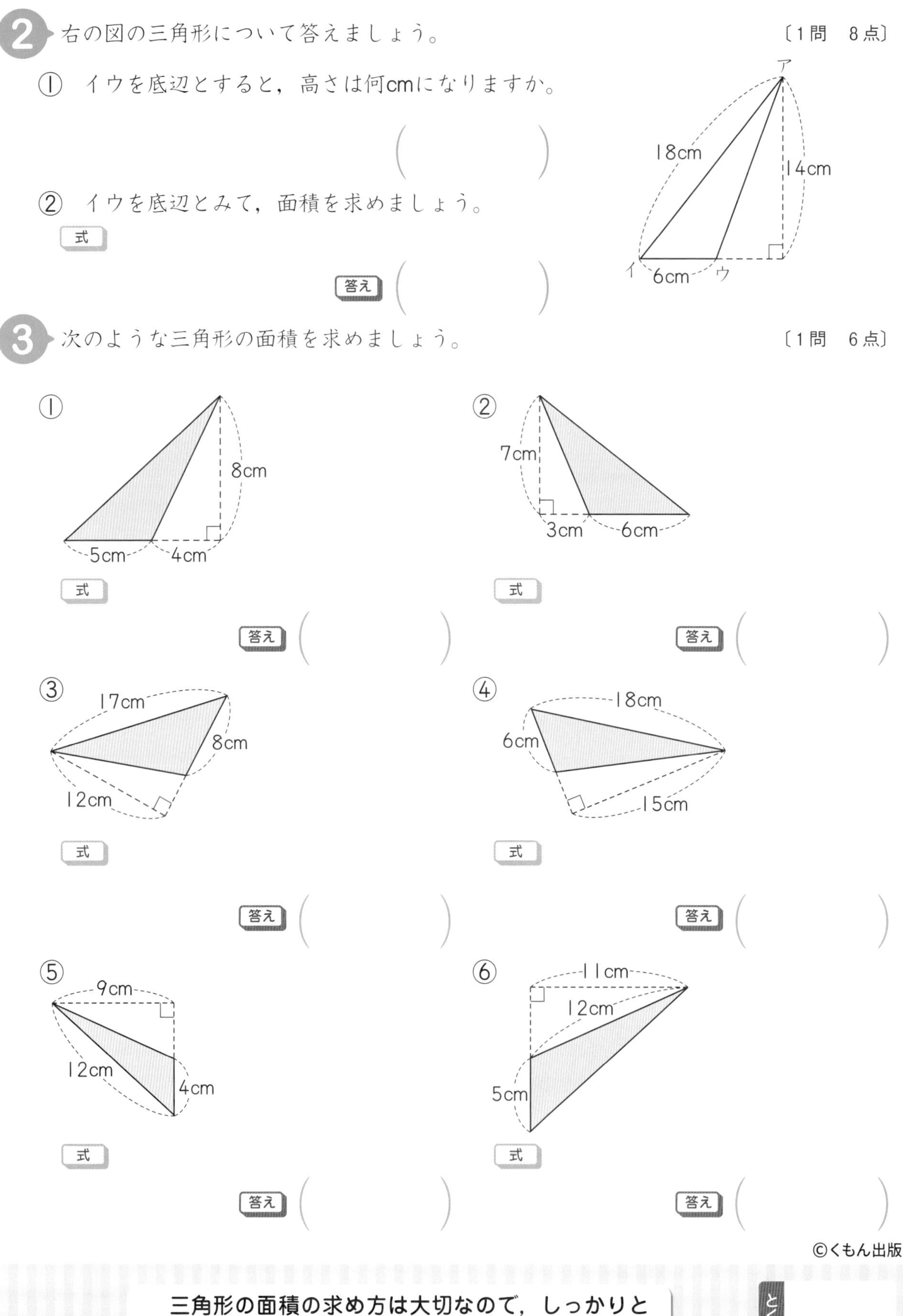

三角形の面積の求め方は大切なので，しっかりと覚えておこう。

とく点　　点

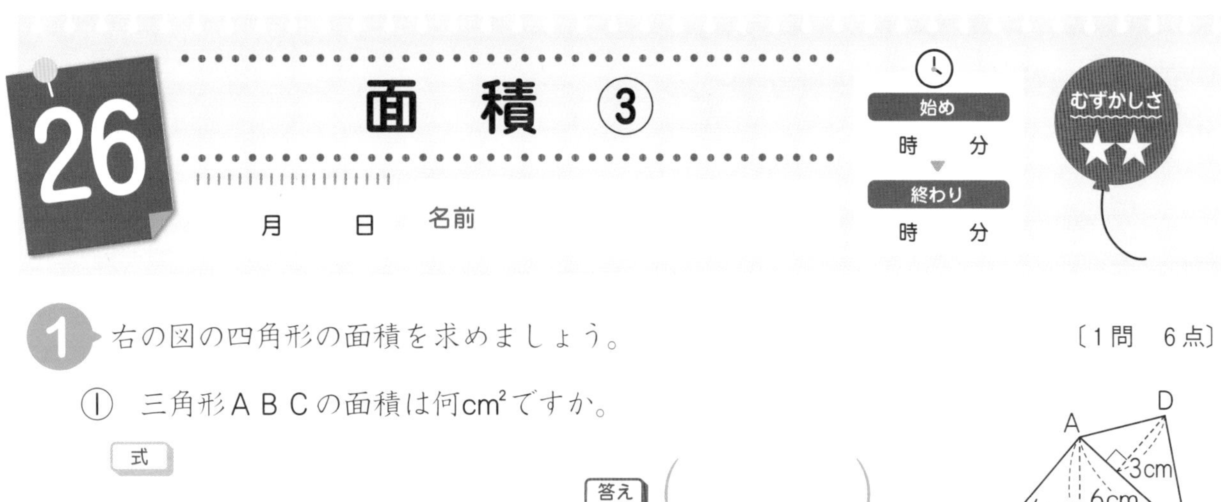

26 面積 ③

月　日　名前

1 右の図の四角形の面積を求めましょう。〔1問　6点〕

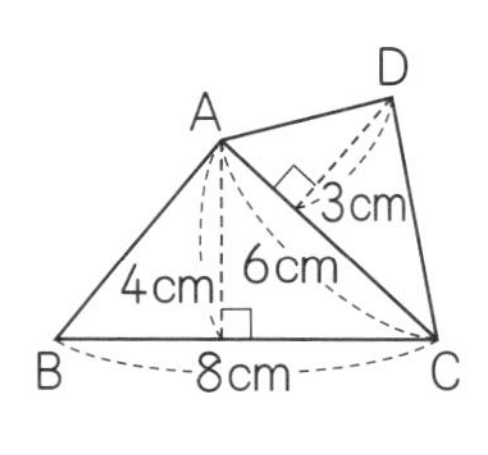

① 三角形ＡＢＣの面積は何cm^2ですか。

式

答え（　　　）

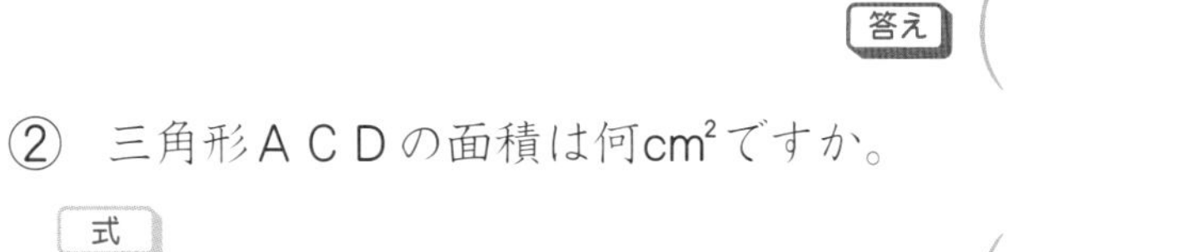

② 三角形ＡＣＤの面積は何cm^2ですか。

式

答え（　　　）

③ 四角形ＡＢＣＤの面積は何cm^2ですか。

式

答え（　　　）

2 次の図のような四角形の面積は何cm^2ですか。〔1問　7点〕

①

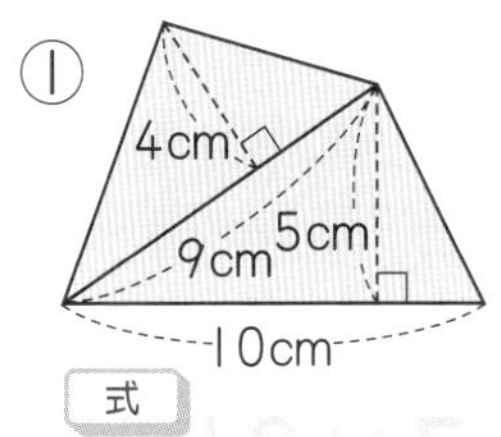

式

答え（　　　）

②

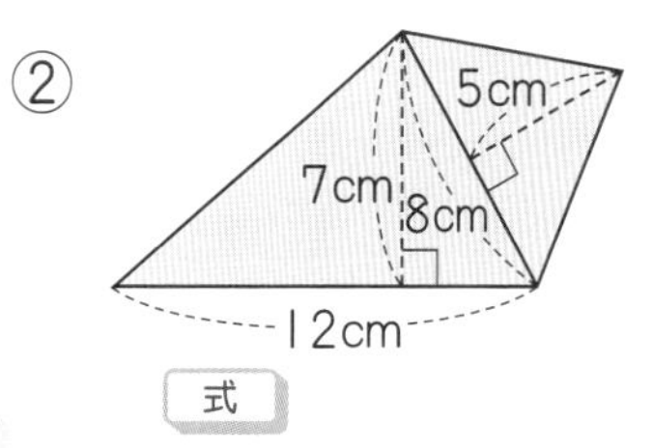

式

答え（　　　）

③

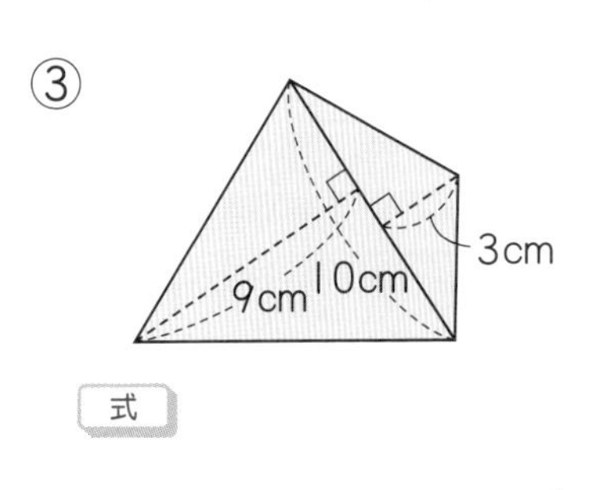

式

答え（　　　）

④

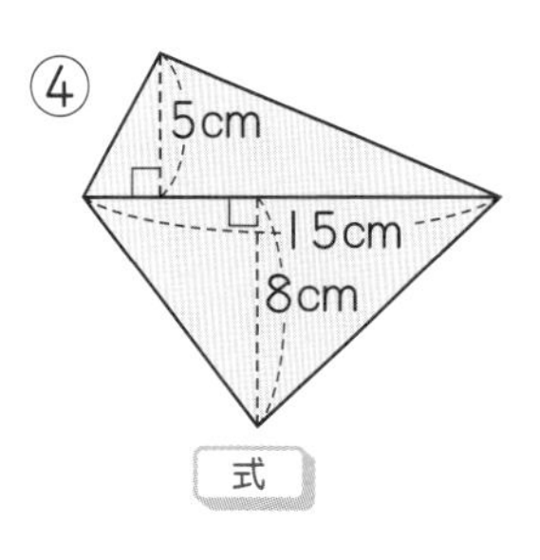

式

答え（　　　）

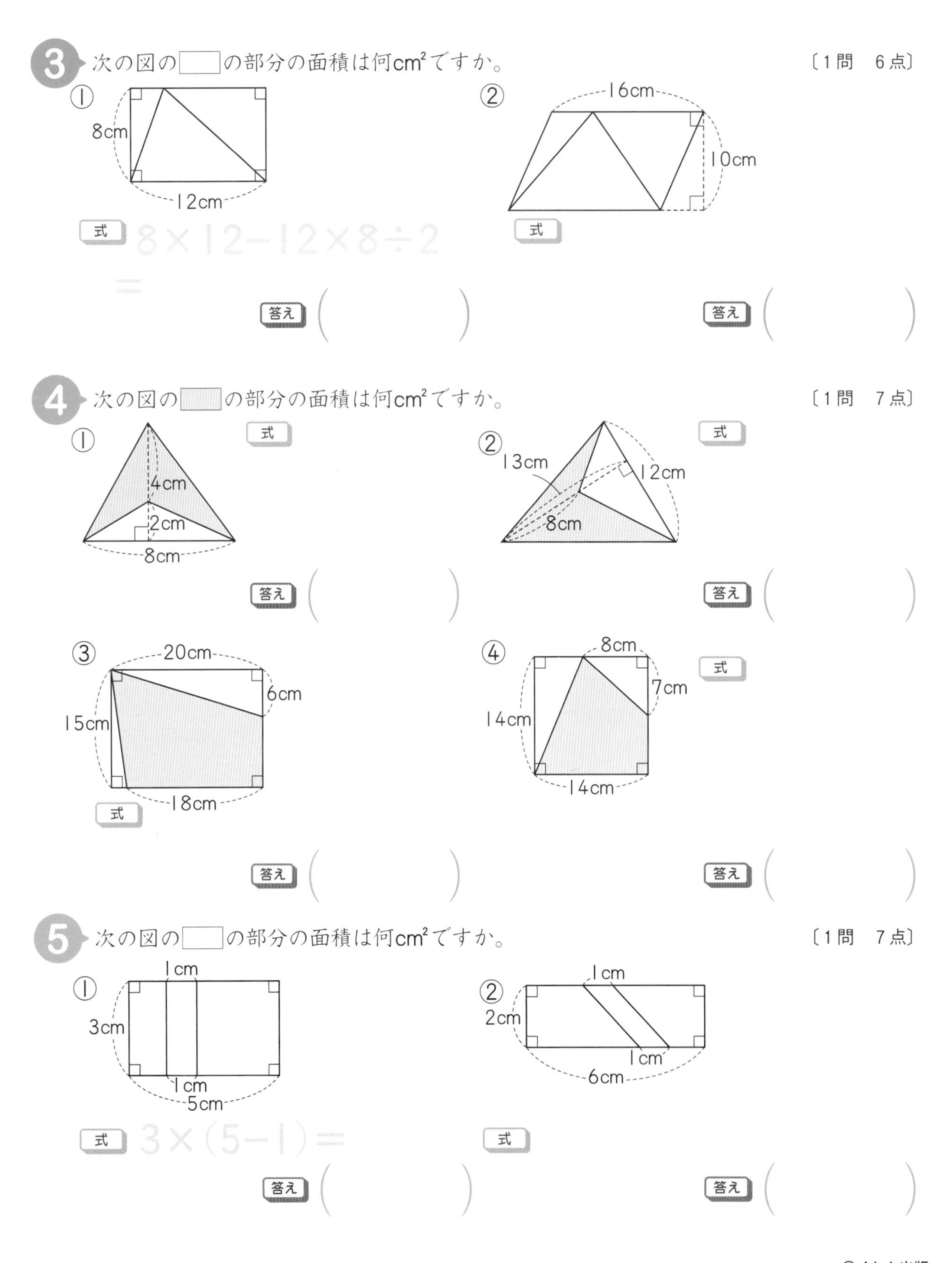

計算のまちがいはないか，たしかめてみよう。

とく点　点

面　積 ④

始め
時　分
終わり
時　分

月　日　名前

1 右の図の台形ＡＢＣＤの面積を，三角形ＡＢＣと三角形ＡＣＤの面積の和として求めましょう。〔10点〕

式 9×6÷2＋3×6÷2＝

答え（　　　）

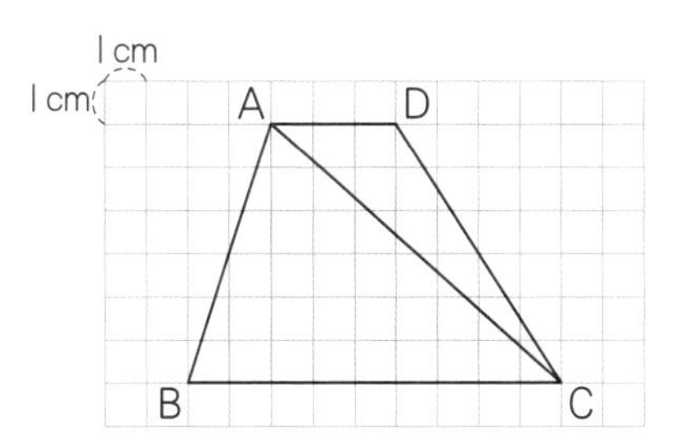

2 次の図のような台形の面積を求めましょう。〔1問　9点〕

①

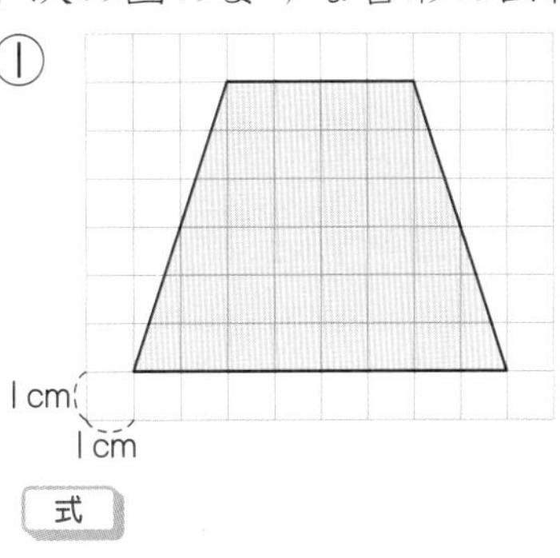

式

答え（　　　）

②

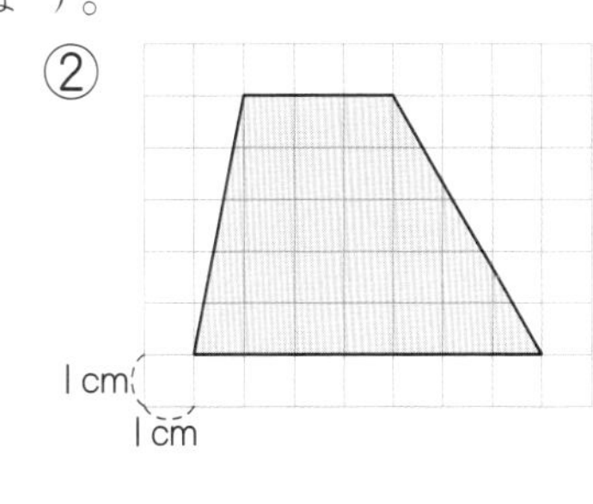

式

答え（　　　）

③

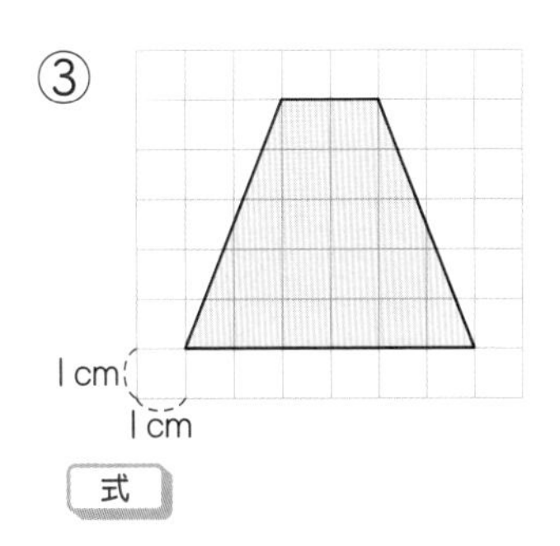

式

答え（　　　）

④

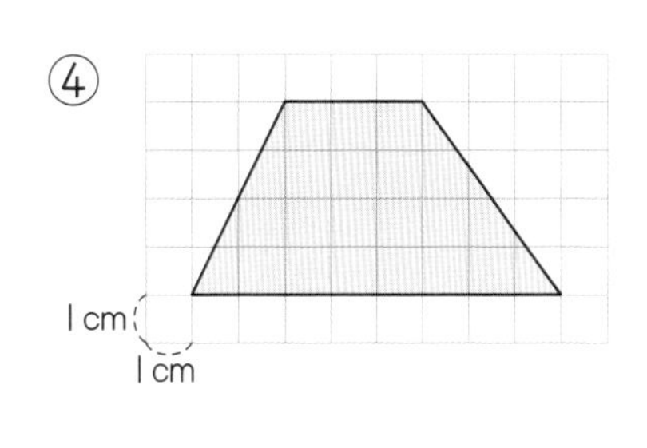

式

答え（　　　）

3 台形の面積を求めます。次の問題に答えましょう。 〔1問　9点〕

① 右の図で，台形ＡＢＣＤの面積は，平行四辺形ＡＢＥＦの面積の何分のいくつになりますか。

（　　　　）

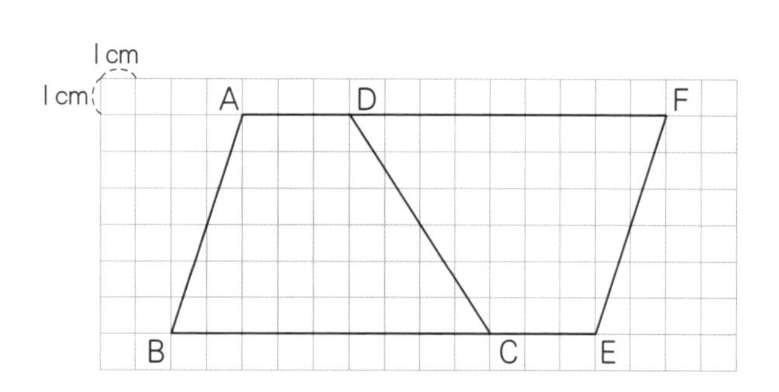

② ①の考え方で式を書いて，台形ＡＢＣＤの面積を求めましょう。

式

答え（　　　　）

4 次の図のような台形の面積を求めましょう。 〔1問　9点〕

①

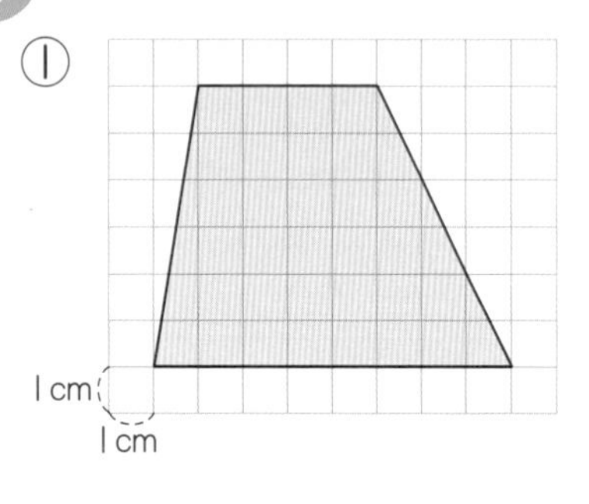

式

答え（　　　　）

②

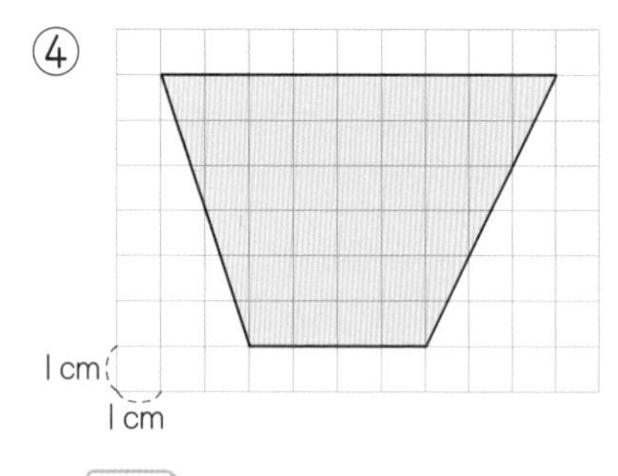

式

答え（　　　　）

③

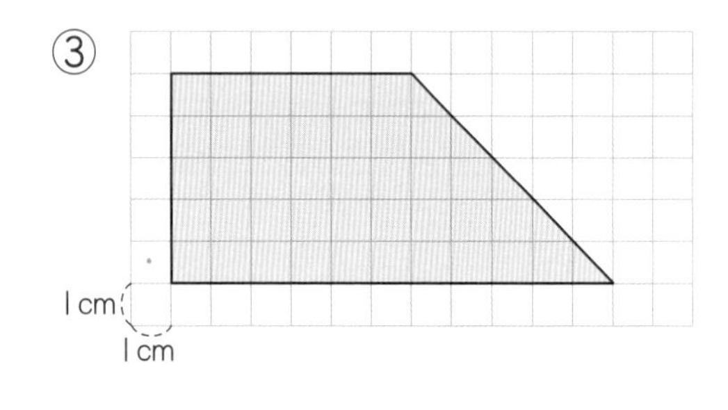

式

答え（　　　　）

④

1cm
1cm

式

答え（　　　　）

いろいろな台形の面積を求めてみよう。

とく点　　点

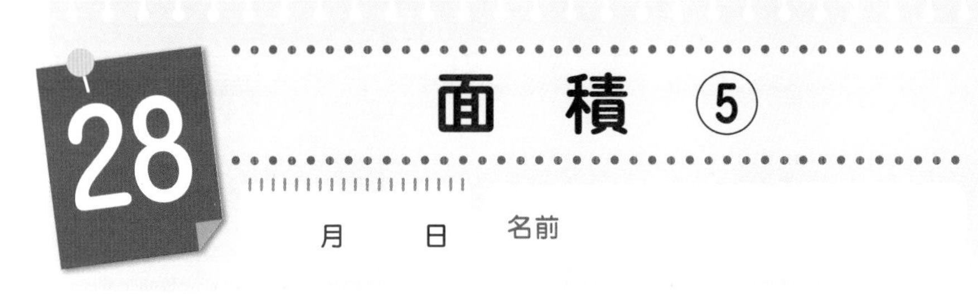

28 面　積　⑤

月　　日　名前

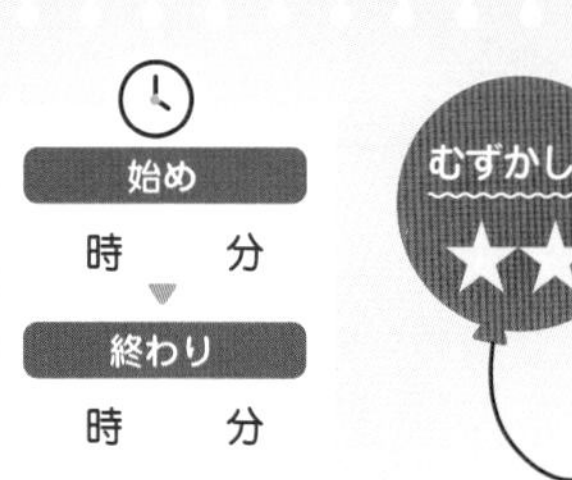

1 右の図のひし形ＡＢＣＤの面積を，三角形ＡＢＤと三角形ＢＣＤの面積の和として求めましょう。　〔12点〕

式　8×3÷2+8×3÷2=

1 cm
1 cm
A
B
D
C

答え（　　　　）

2 次の図のようなひし形の面積を求めましょう。　〔1問　8点〕

①

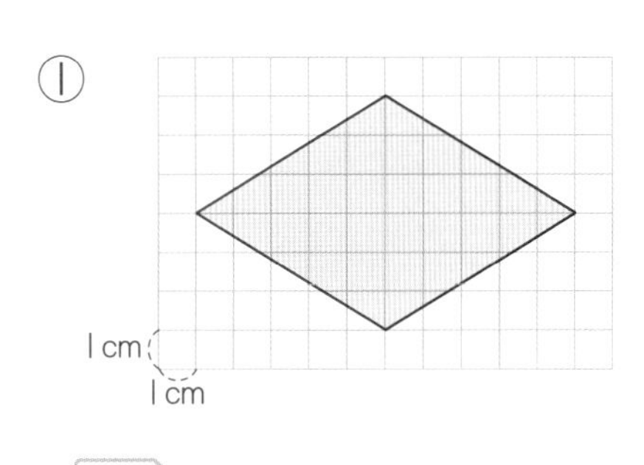

式

答え（　　　　）

②

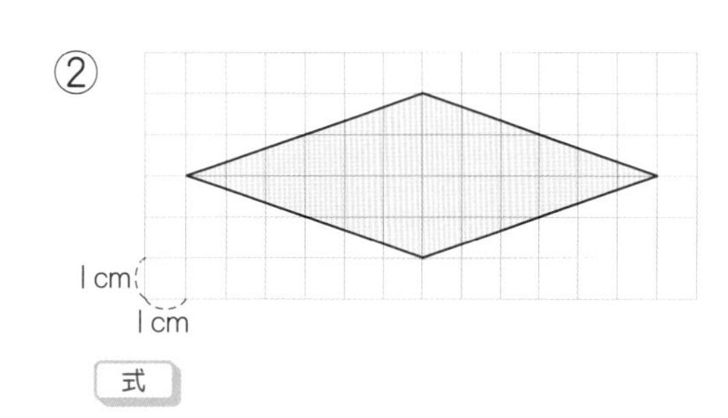

式

答え（　　　　）

③

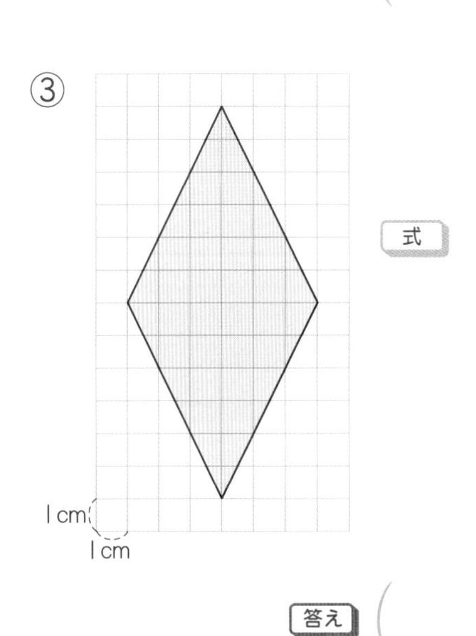

式

答え（　　　　）

④

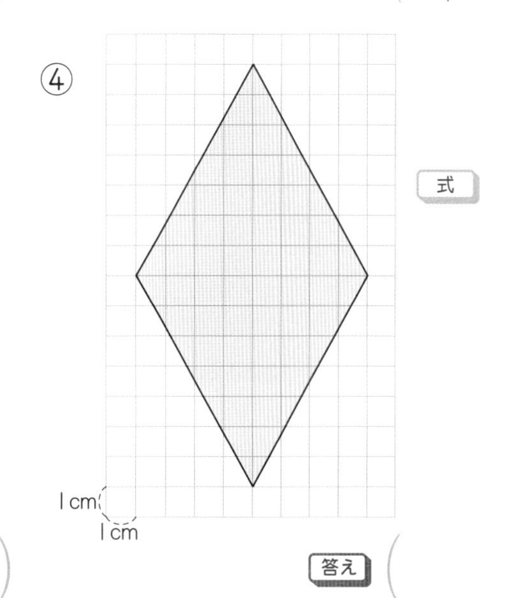

式

答え（　　　　）

3 ひし形の面積を求めます。次の問題に答えましょう。　〔1問　8点〕

① 右の図のように，ひし形ＡＢＣＤの頂点(ちょうてん)を通る長方形ＥＦＧＨをつくります。三角形ＡＢＯ(オー)の面積は長方形ＡＥＢＯの面積の何分のいくつになりますか。

(　　　　)

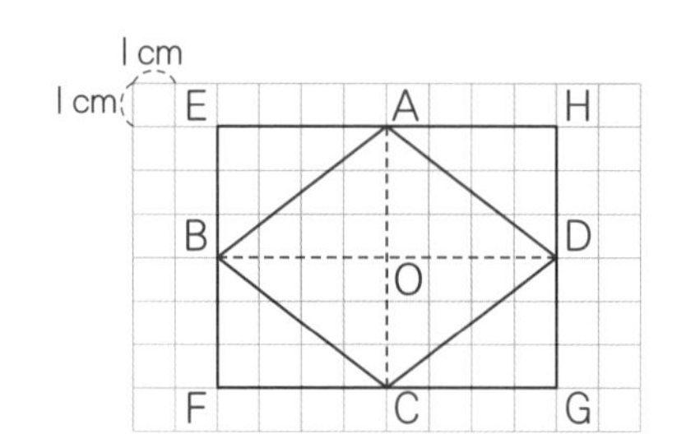

② ひし形ＡＢＣＤの面積は，長方形ＥＦＧＨの面積の何分のいくつになりますか。

(　　　　)

③ ②の考えで式を書いて，ひし形ＡＢＣＤの面積を求めましょう。

式

答え (　　　　)

4 次の図のようなひし形の面積を求めましょう。　〔1問　8点〕

①

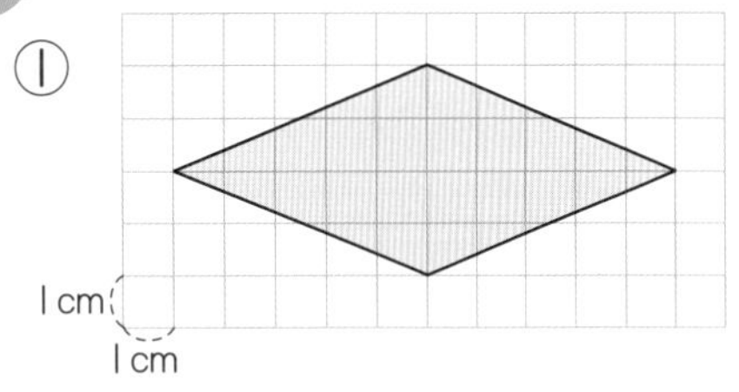

式

答え (　　　　)

②

1cm
1cm

式

答え (　　　　)

③

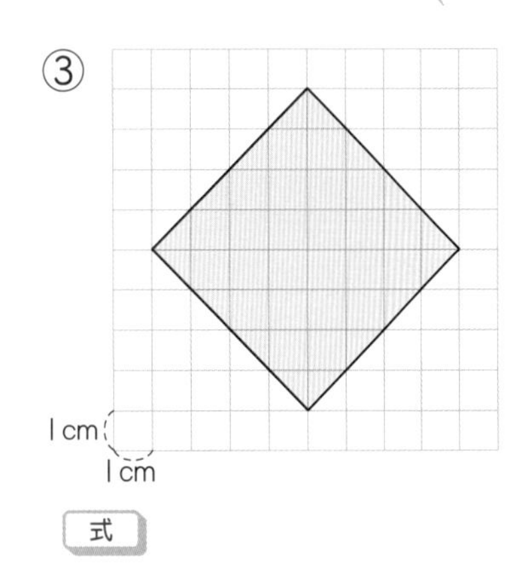

式

答え (　　　　)

④

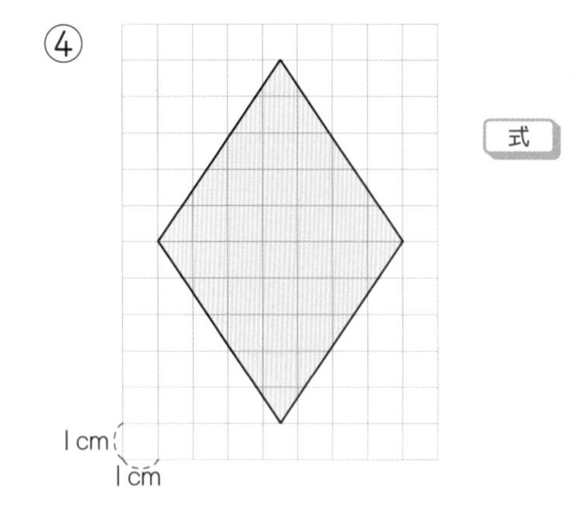

式

答え (　　　　)

いろいろなひし形の面積を求めてみよう。

とく点　　点

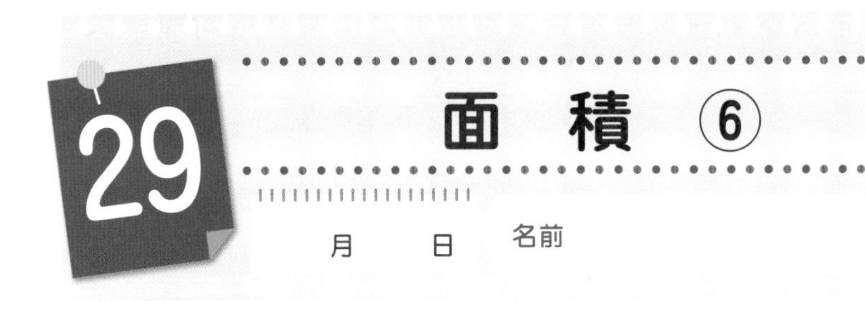

29 面積 ⑥

月　日　名前

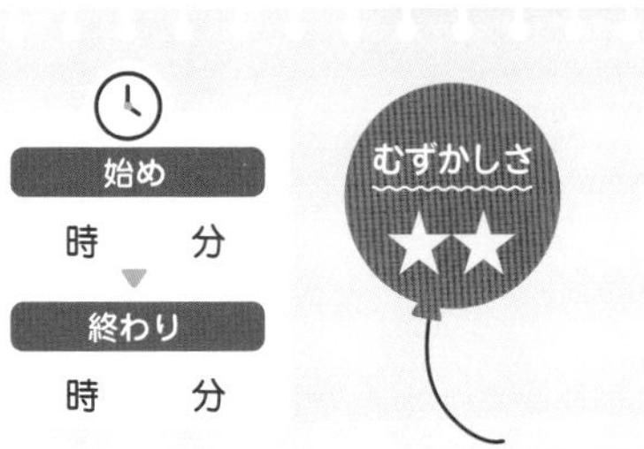

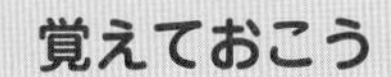

覚えておこう

台形の面積＝(上底＋下底)×高さ÷2

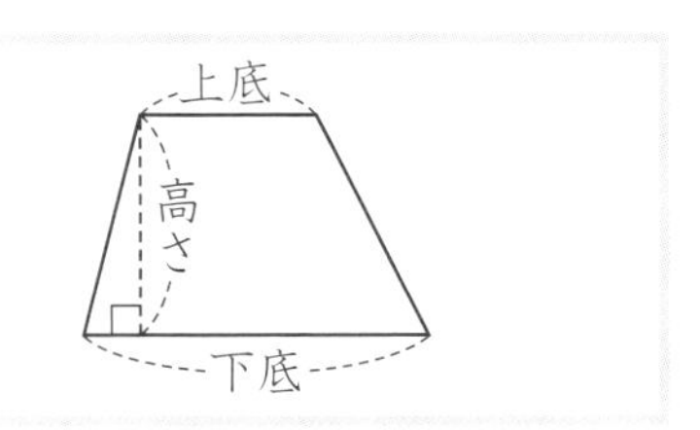

1 次のような台形の面積は何cm^2ですか。〔①5点，②〜⑥9点〕

①

2cm
3cm
4cm

式 (2＋4)×3÷2＝

答え（　　　）

②

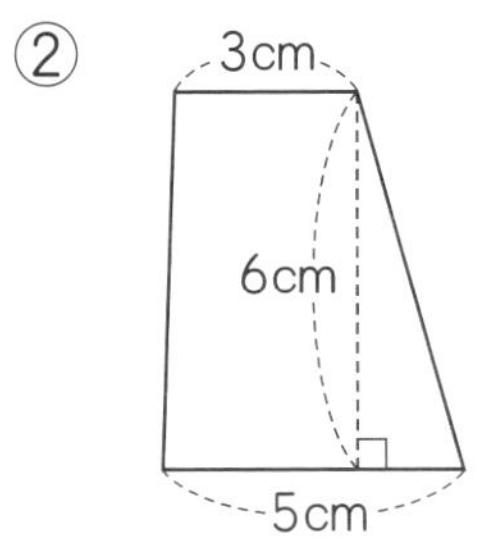

式

答え（　　　）

③

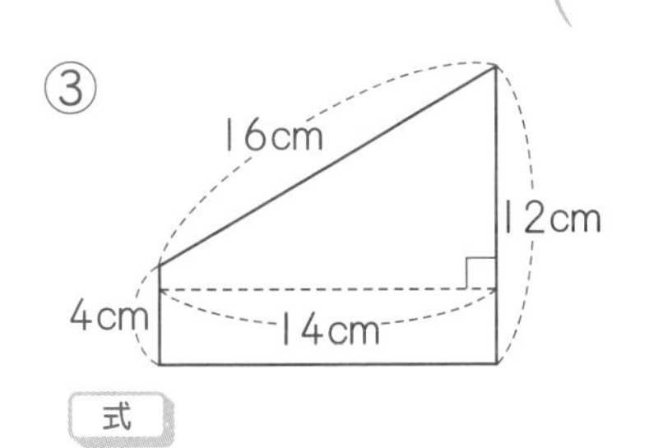

式

答え（　　　）

④

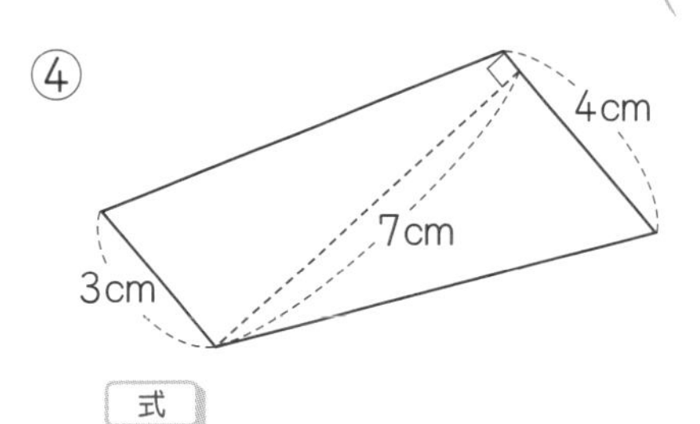

式

答え（　　　）

⑤

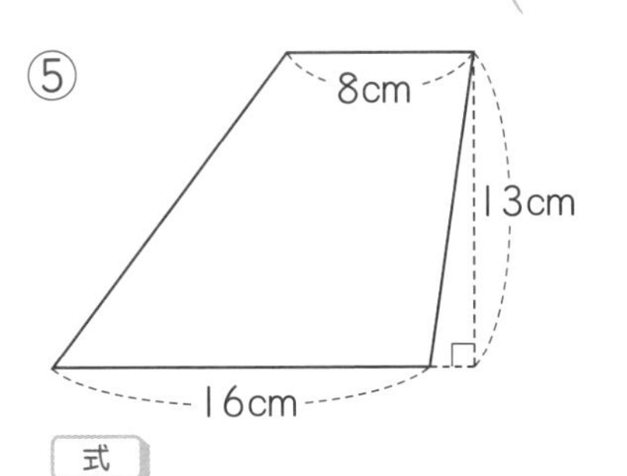

式

答え（　　　）

⑥

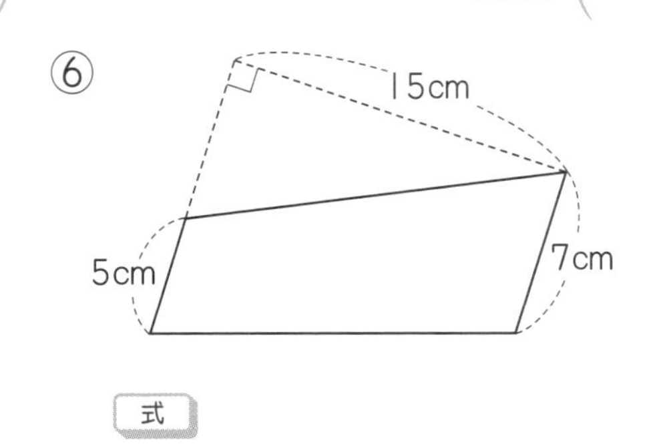

式

答え（　　　）

覚えておこう

ひし形の面積＝対角線×対角線÷2

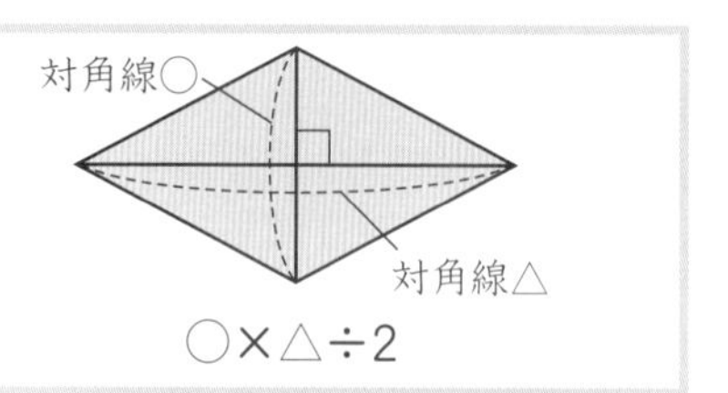

2 次のようなひし形の面積は何cm²ですか。 〔①5点，②～⑥9点〕

①

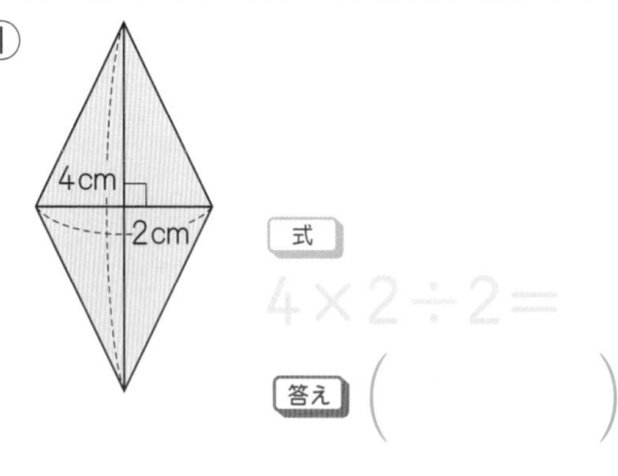

式 4×2÷2＝

答え （　　　　）

②

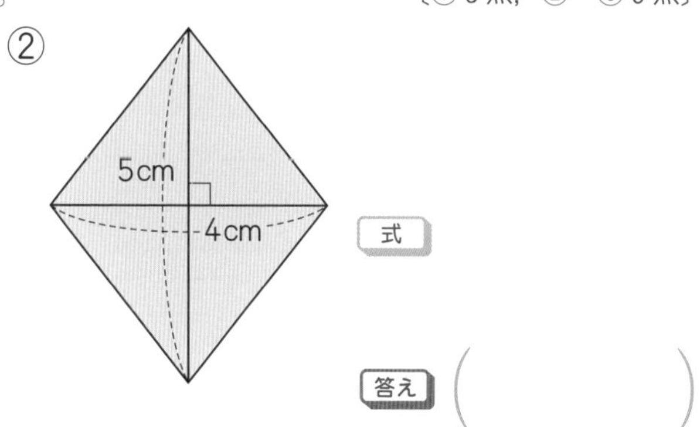

式

答え （　　　　）

③

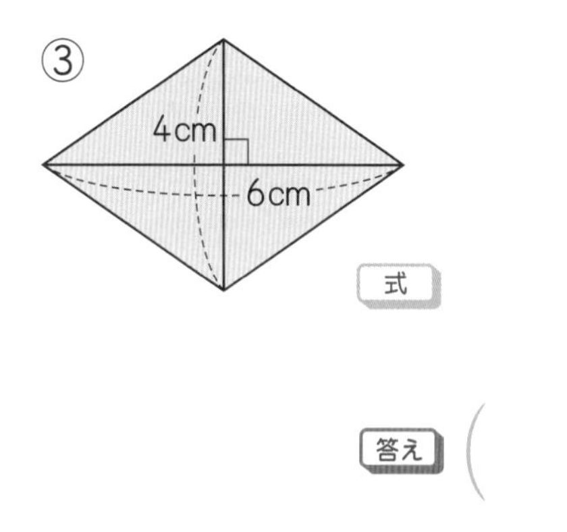

式

答え （　　　　）

④

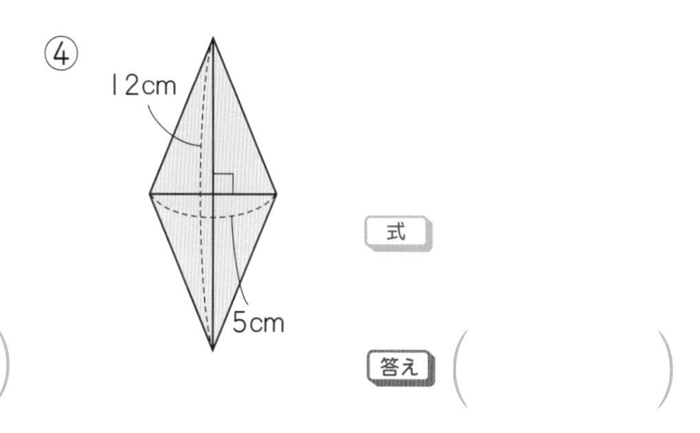

式

答え （　　　　）

⑤

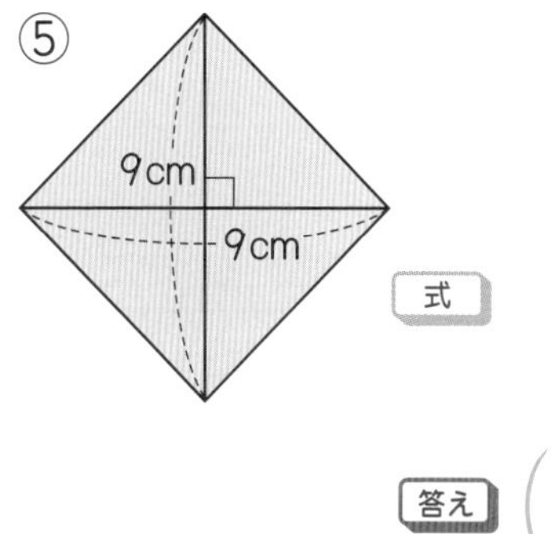

式

答え （　　　　）

⑥

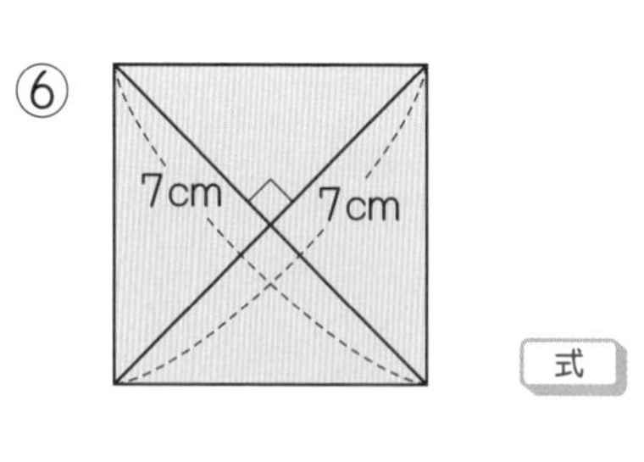

式

答え （　　　　）

台形やひし形の面積を，公式を使って求めてみよう。

とく点　　点

いろいろな図形

月　日　名前

始め　時　分
終わり　時　分

覚えておこう

- 直線でかこまれた形を**多角形**（たかくけい）といいます。
- どの辺の長さも等しく，どの角の大きさも等しい多角形を**正多角形**（せいたかくけい）といいます。

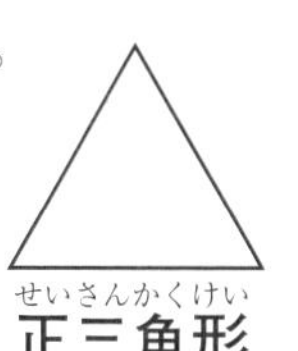
正三角形（せいさんかくけい）

正方形（せいほうけい）

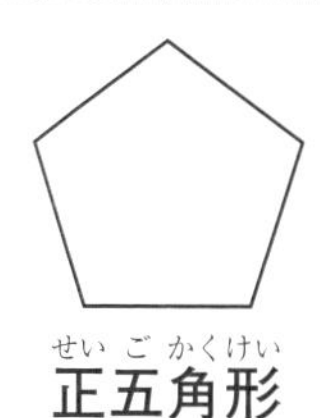
正五角形（せいごかくけい）

1 下の図は，すべて正多角形です。（　）に名前を書きましょう。　〔1問　4点〕

①
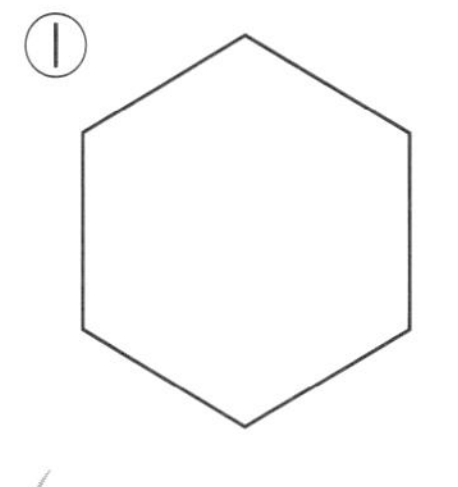
（正六角形）

②
（　　　　）

③
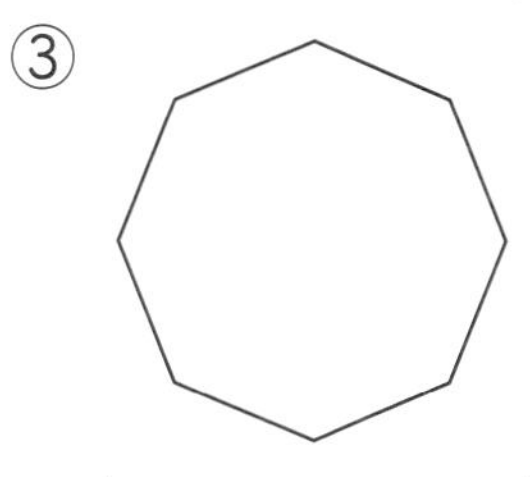
（　　　　）

④
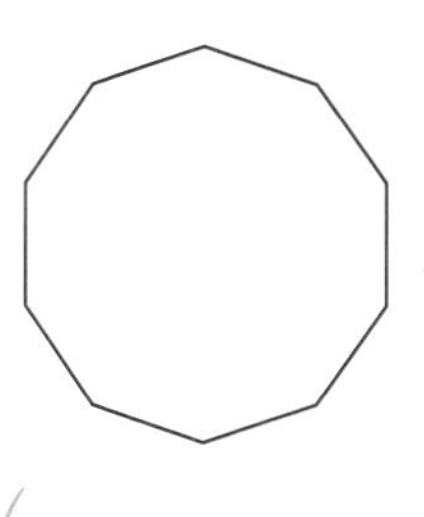
（　　　　）

2 下の図のうちで，正多角形であるものには○，正多角形でないものには×をつけましょう。　〔1問　3点〕

①
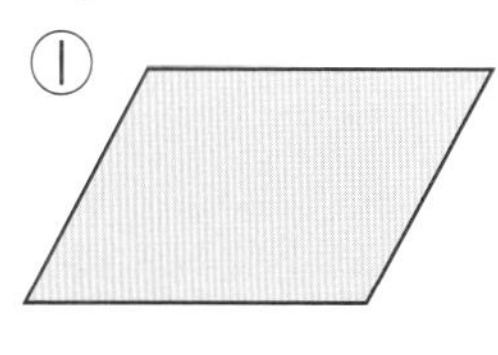
（　　）

②
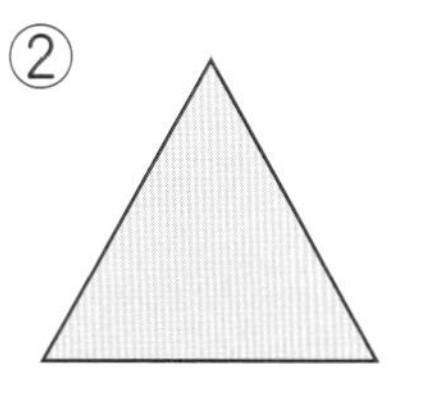
（　　）

③
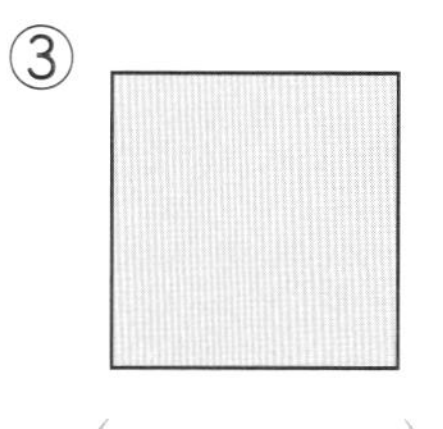
（　　）

④
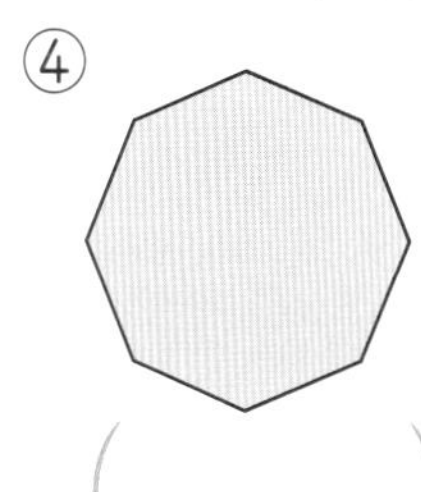
（　　）

⑤
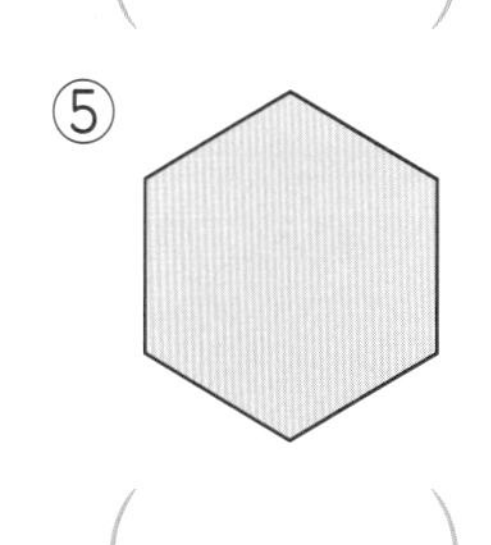
（　　）

⑥
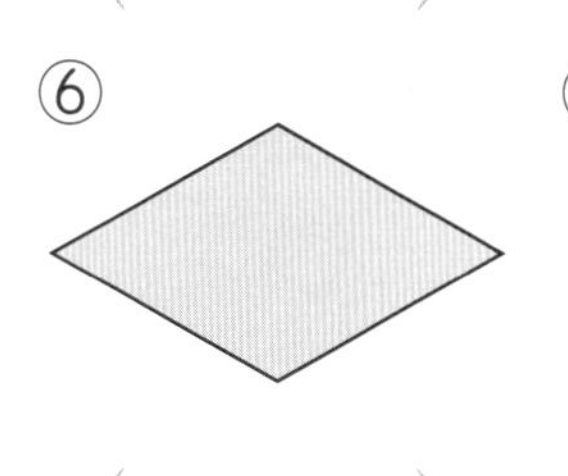
（　　）

⑦
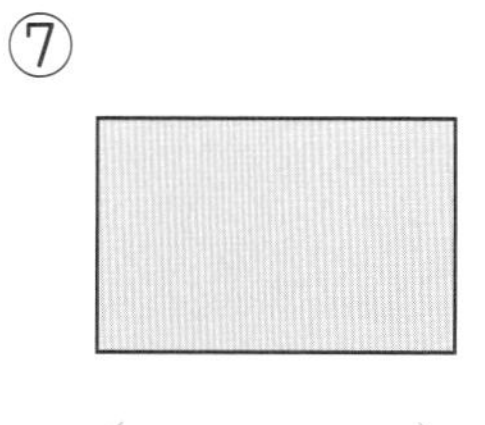
（　　）

⑧
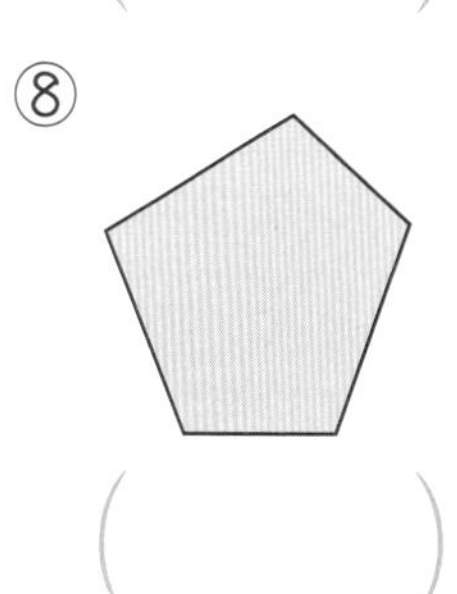
（　　）

3 下の図は，円の中心のまわりを等分するかき方で正多角形をかいたものです。それぞれの図の，角㋐の大きさは何度になりますか。〔1問　10点〕

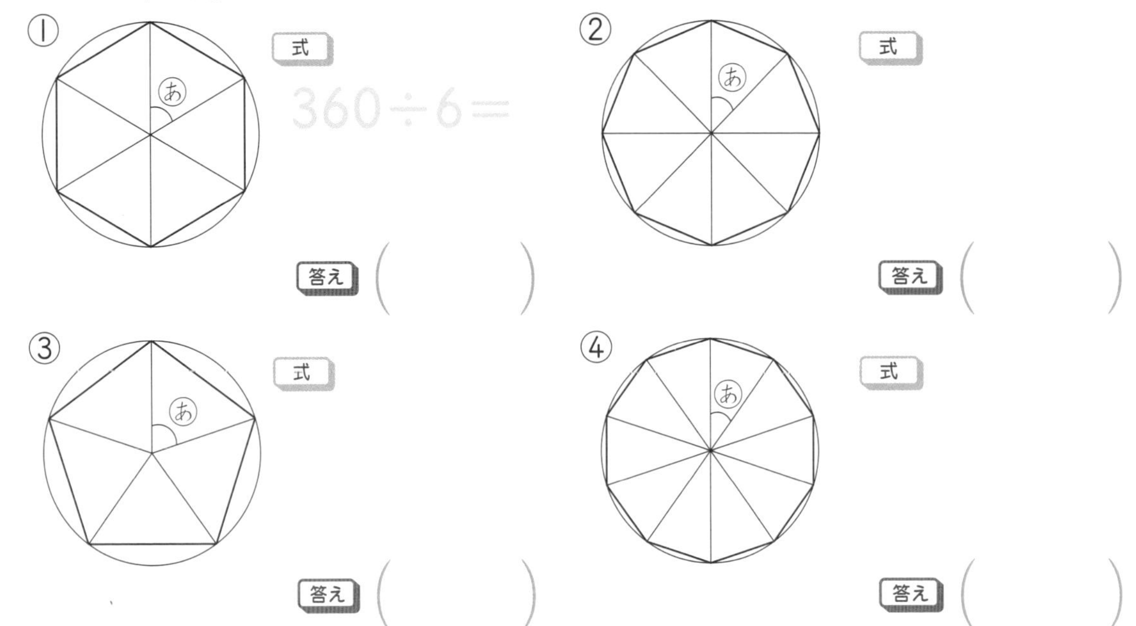

4 下の例のようなかき方で，次の正多角形をかきましょう。〔1問　10点〕

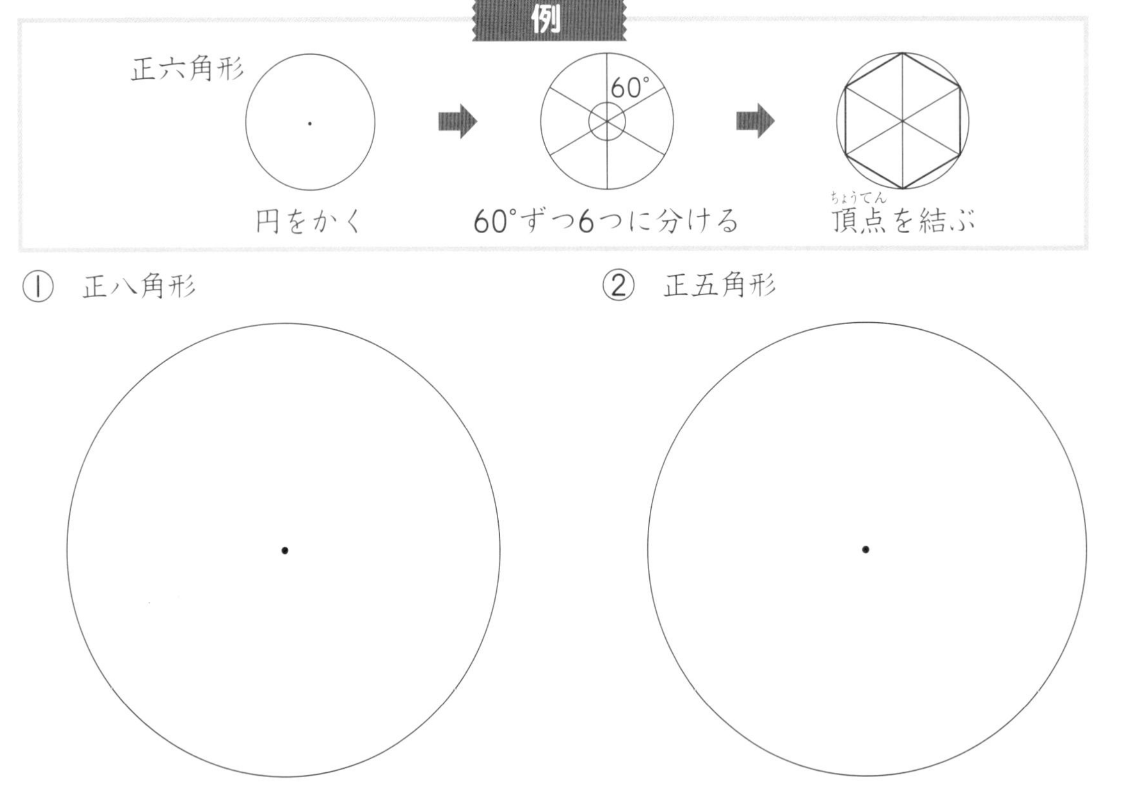

まちがえた問題は，やり直してどこでまちがえたのか，よくたしかめておこう。

とく点　点

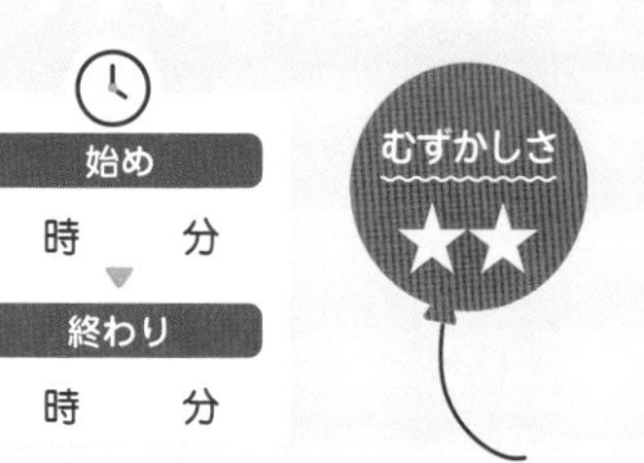

覚えておこう

● 円のまわりを円周（えんしゅう）といいます。

円周＝直径×3.14

（3.14を円周率（えんしゅうりつ）という。）

1 次の円の円周の長さは何cmですか。〔1問　6点〕

①

3cm

式

3×3.14＝

答え（　　　　）

②

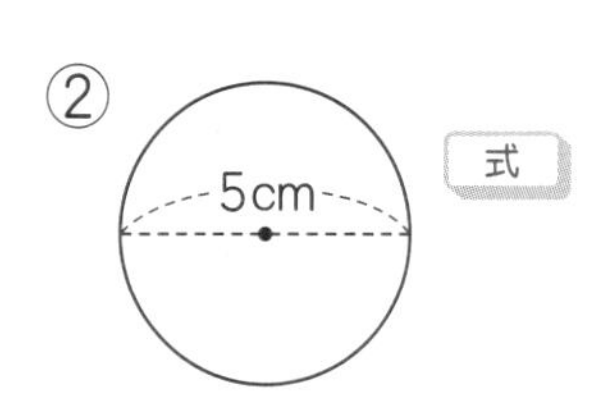

式

答え（　　　　）

③

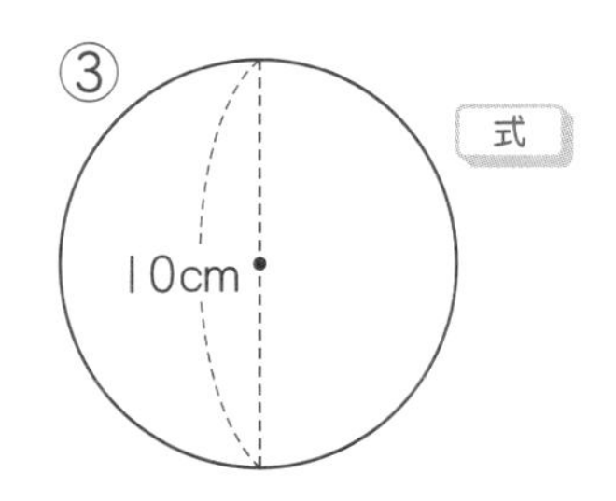

式

答え（　　　　）

④

2cm

式

答え（　　　　）

⑤

4cm

式

答え（　　　　）

⑥

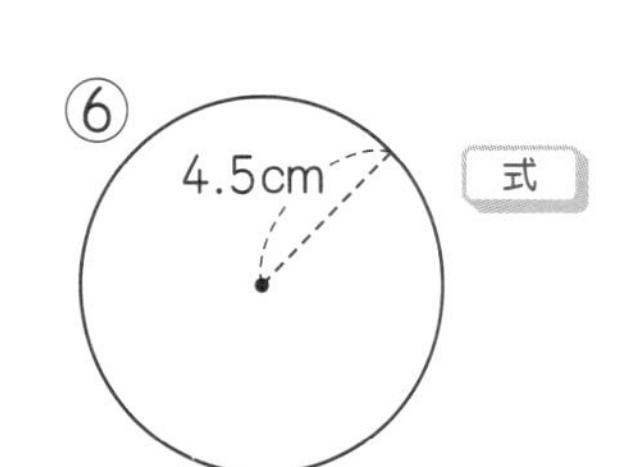

式

答え（　　　　）

2 次の図のまわりの長さを求めましょう。　〔1問　8点〕

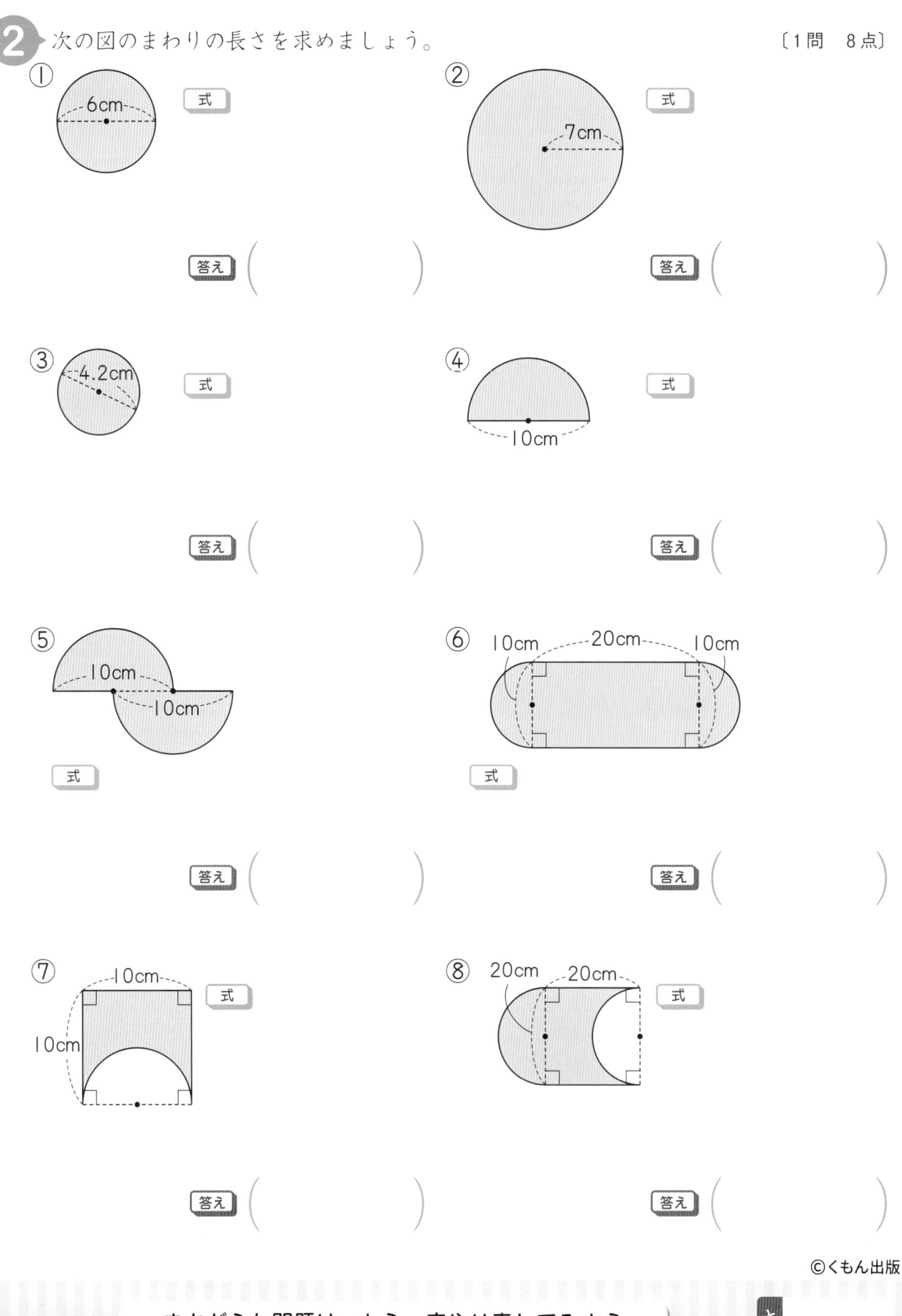

まちがえた問題は，もう一度やり直してみよう。
まちがいがなくなるよ。

とく点　　点

角柱と円柱 ①

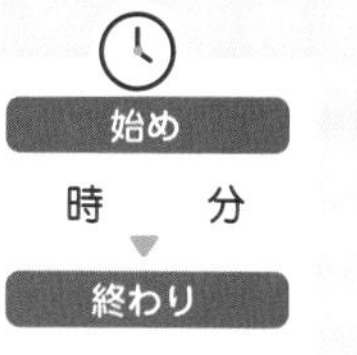

月　日　名前

覚えておこう

● 下のような立体を**角柱**（かくちゅう）といいます。

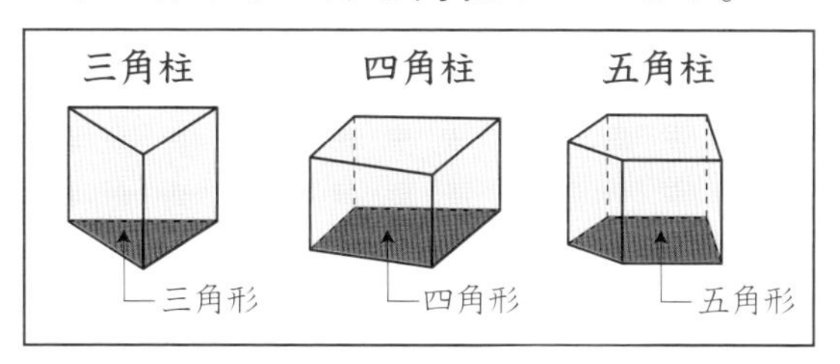

● 下のような立体を**円柱**（えんちゅう）といいます。

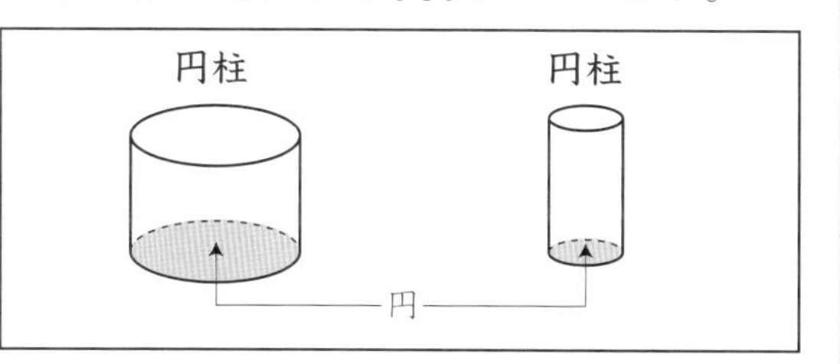

1 次の立体は何という立体ですか。（　）に名前を書きましょう。〔1問　4点〕

① 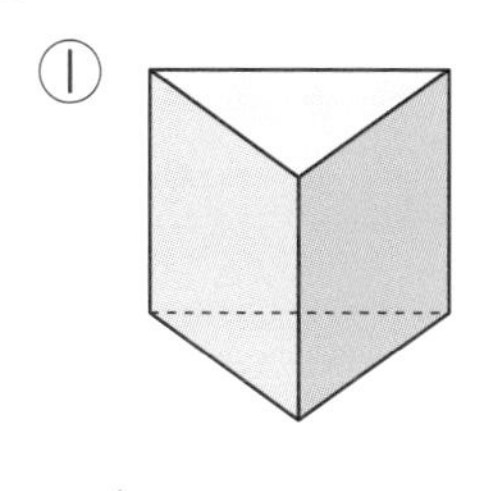
（　　　　）

② 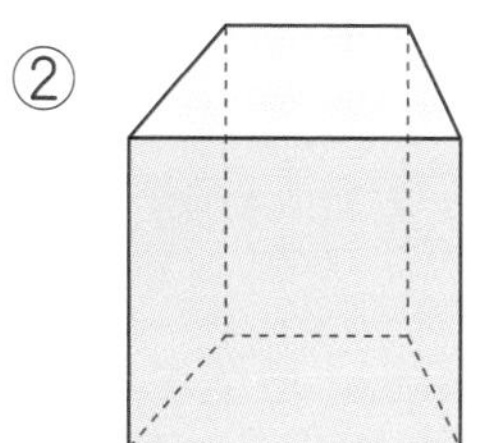
（　　　　）

③ 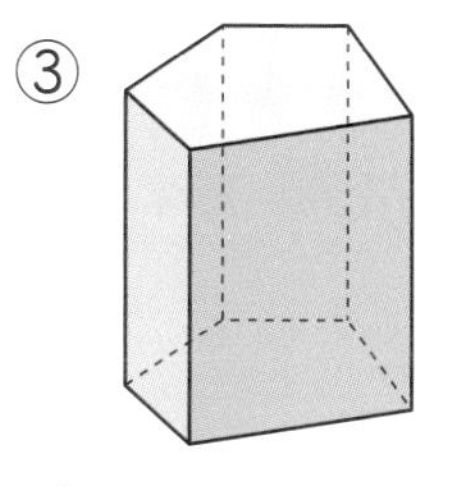
（　　　　）

④ 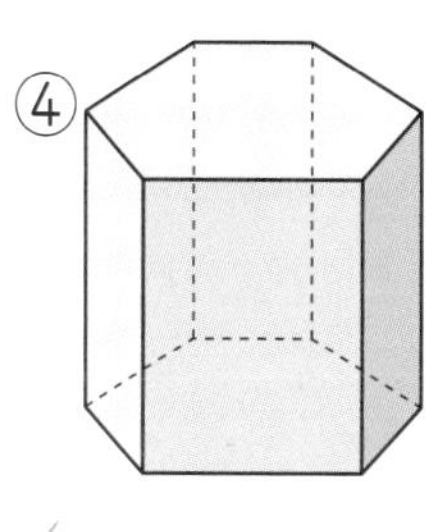
（六角柱）

⑤ 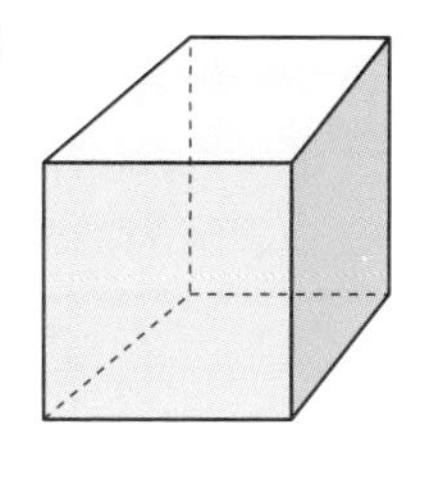

⑥ 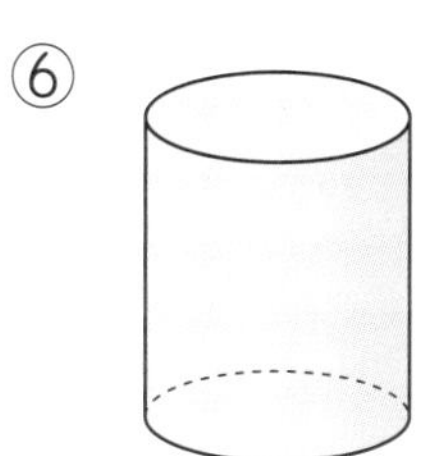

⑦ 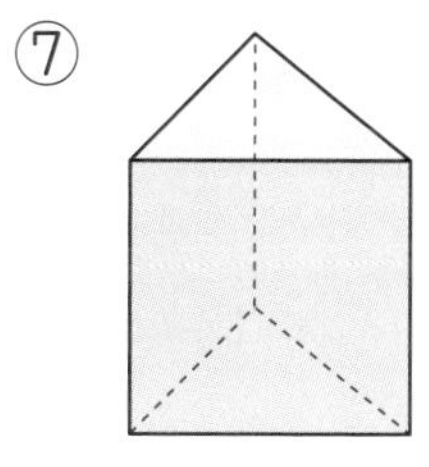

⑧ 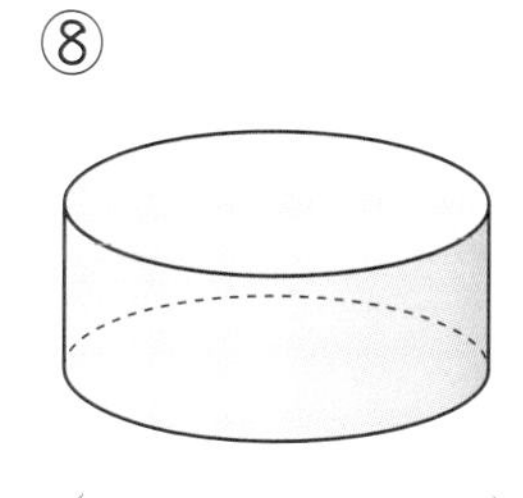

⑨ 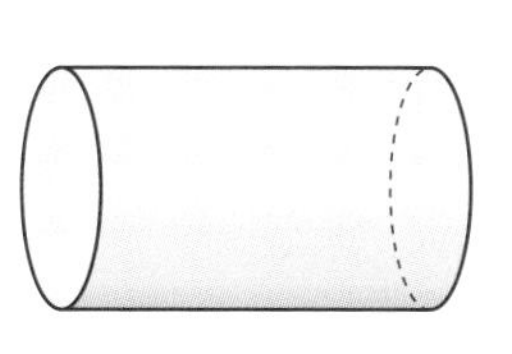

⑩ 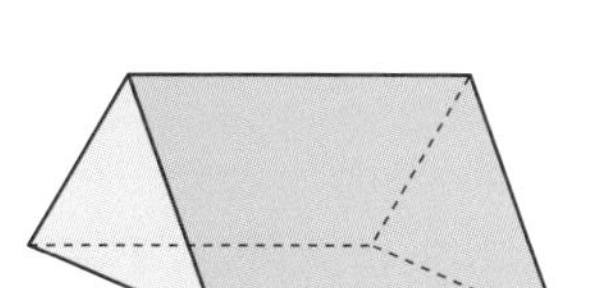

⑪ 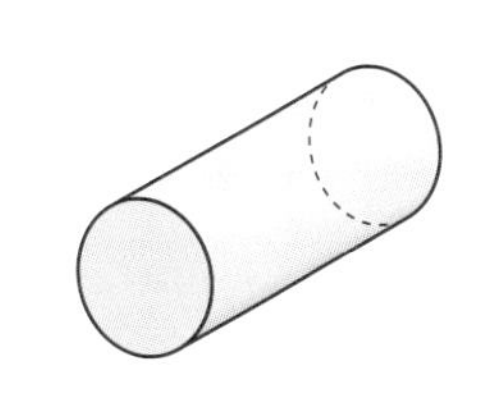

⑫ 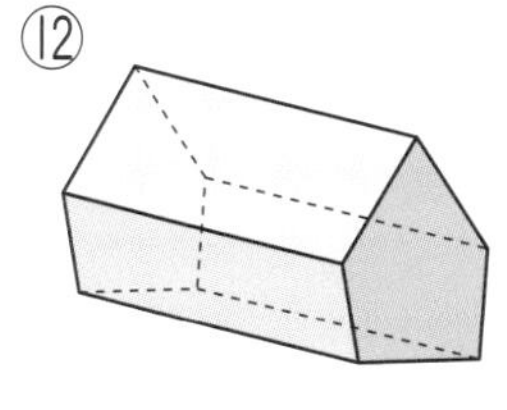

覚えておこう

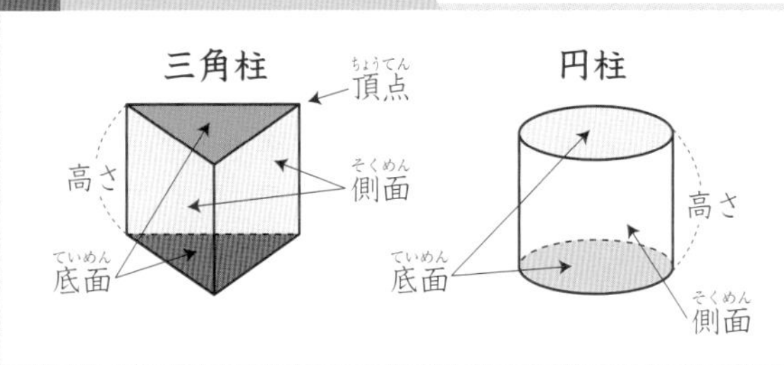

- 角柱の２つの**底面**は合同(形と大きさが同じ)な多角形です。
- 円柱の２つの**底面**は合同な円です。
- ２つの底面は平行になっています。

2 下の図のような三角柱があります。次の問題に答えましょう。〔1問　4点〕

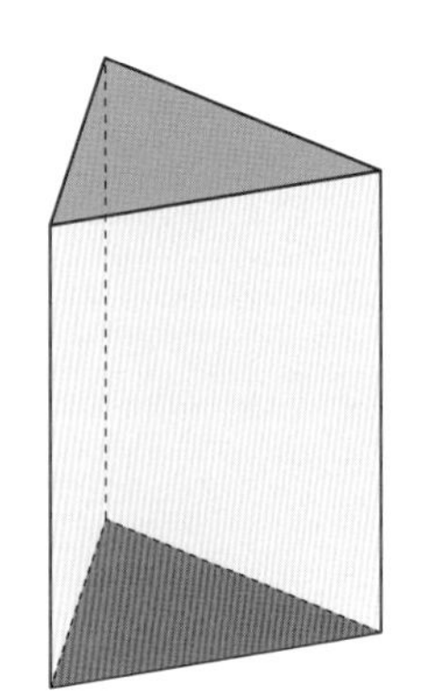

① 底面はどんな形ですか。（　　　）

② 底面はいくつありますか。（　　　）

③ 側面はどんな形ですか。（　　　）

④ 側面はいくつありますか。（　　　）

⑤ 頂点はいくつありますか。（　　　）

3 下の図のような六角柱があります。次の問題に答えましょう。〔1問　4点〕

① 底面はどんな形ですか。（　　　）

② 底面はいくつありますか。（　　　）

③ 側面はどんな形ですか。（　　　）

④ 側面はいくつありますか。（　　　）

⑤ 頂点はいくつありますか。（　　　）

4 下の図のような円柱があります。次の問題に答えましょう。〔(　)1つ　4点〕

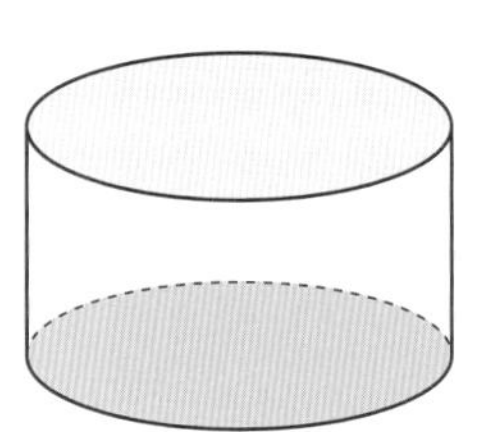

① 底面はどんな形で，いくつありますか。

形（　　　）　数（　　　）

② 側面は，曲面ですか，平面ですか。（　　　）

身のまわりにあるもので，角柱や円柱の形をしたものをさがしてみよう。

とく点　　点

角柱と円柱 ②

月　日　名前

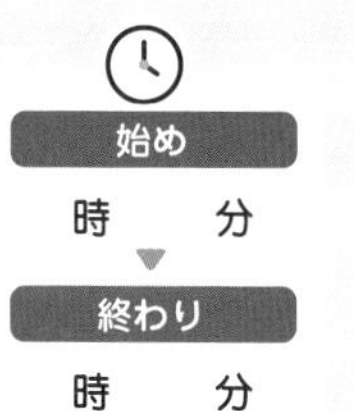

1 下の図は，三角柱の見取図とてん開図です。次の問題に答えましょう。〔(　)1つ　4点〕

（見取図）

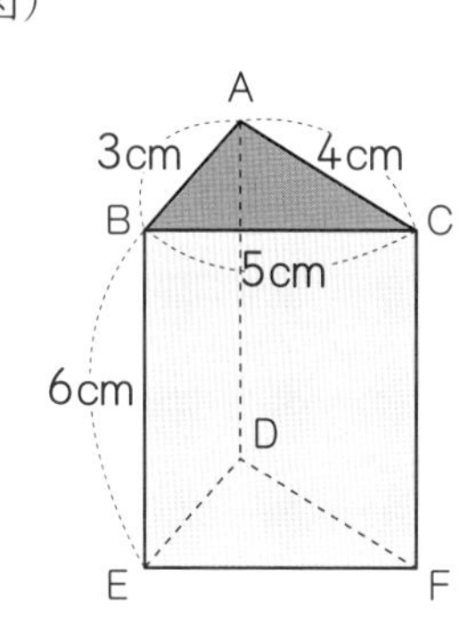

（てん開図）

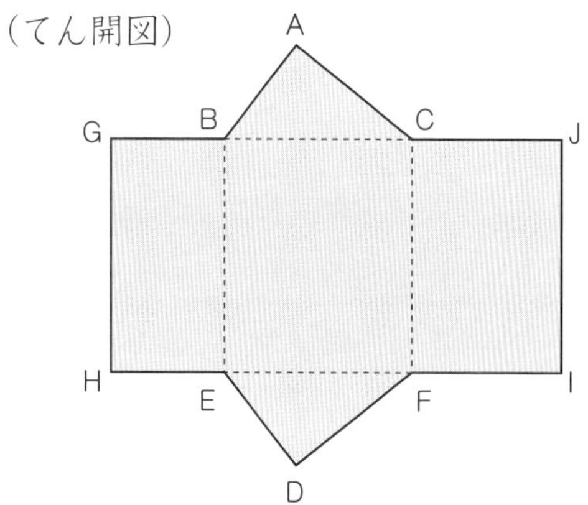

① 右のてん開図は，左の見取図のどの辺を切り開いたものですか。切り開いた見取図の辺を全部書きましょう。

（　　　）（　　　）（　　　）（　　　）（　　　）

② てん開図を組み立てたとき，見取図の頂点(ちょうてん)Aに集まる点は点B～J(ジェイ)のどの点ですか。全部書きましょう。

（　　　）

③ てん開図を組み立てたとき，見取図の頂点(ちょうてん)Dに集まる点はどの点ですか。全部書きましょう。

（　　　）

④ てん開図を組み立てたとき，辺ABと重なる辺はどの辺ですか。

（　　　）

⑤ てん開図を組み立てたとき，辺GHと重なる辺はどの辺ですか。

（　　　）

⑥ てん開図の，次の部分の長さは何cmですか。

AB（　　　），GH（　　　），DF（　　　），FI(アイ)（　　　）

⑦ この三角柱の高さは何cmですか。

（　　　）

2 下の図は，円柱の見取図とてん開図です。次の問題に答えましょう。〔(　)1つ　4点〕

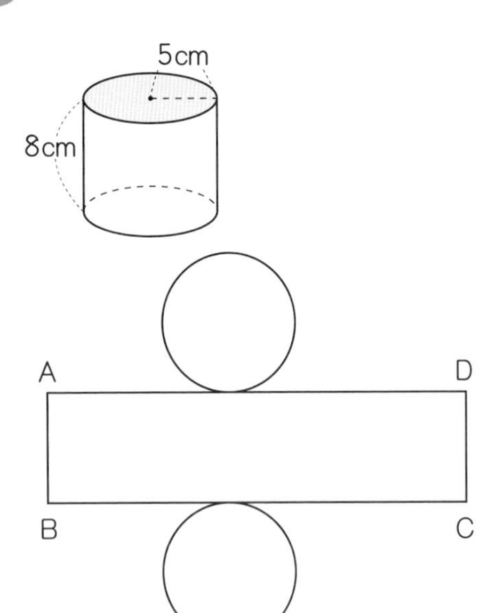

① てん開図の長方形ＡＢＣＤは，円柱の何という面にあたりますか。

(　　　　)

② てん開図の辺ＡＤの長さは，円柱の底面のどこの長さと同じですか。

(　　　　)

③ 辺ＡＢ，辺ＡＤの長さは，それぞれ何cmですか。

ＡＢ (　　　　)　ＡＤ (　　　　)

④ この円柱の高さは，何cmですか。

(　　　　)

3 組み立てたときに，三角柱になるてん開図は，次の㋐～㋕のうちのどれですか。三角柱になるものを全部選んで，(　)に記号を書きましょう。〔全部できて24点〕

㋐
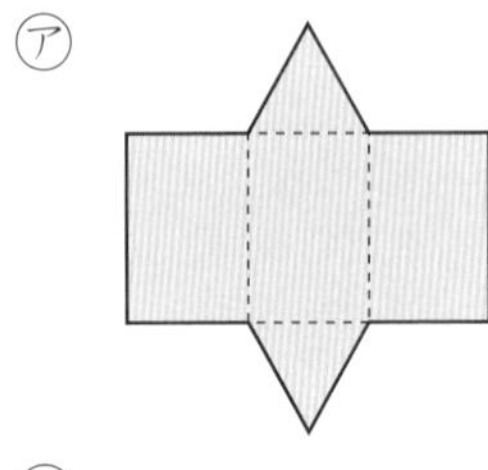

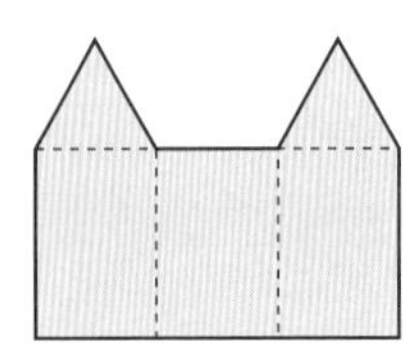

㋒
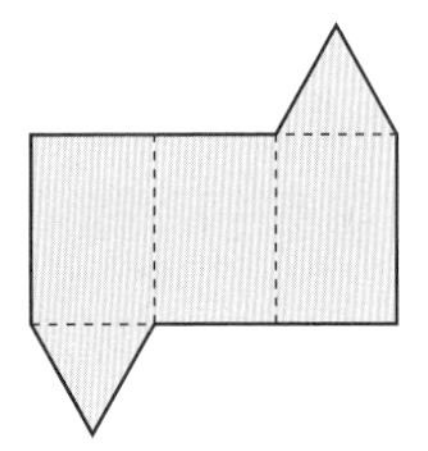

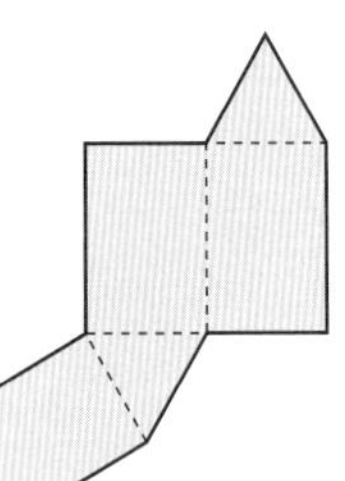

㋔
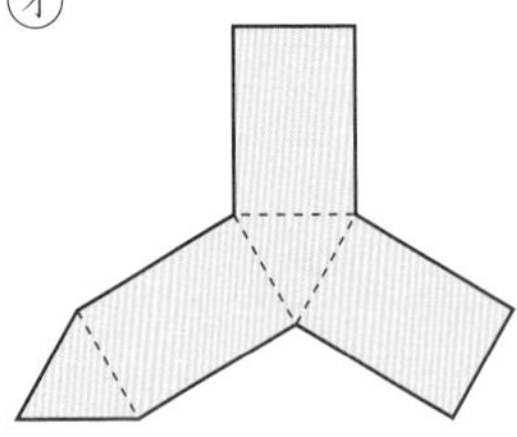

㋕
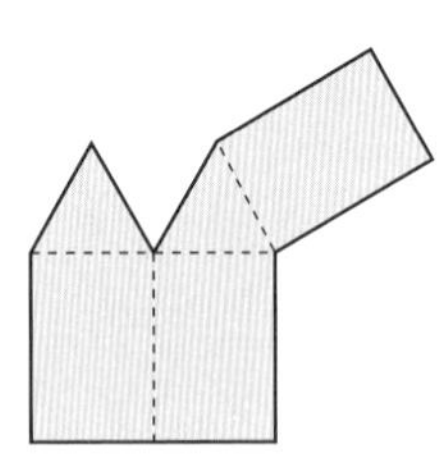

まちがえた問題はやり直して，どこでまちがえたのかよくたしかめておこう。

とく点　　点

角柱と円柱 ③

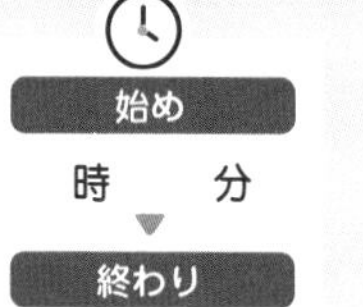

月　　日　名前

1 底面が１辺２cmの正三角形で，高さが３cmの三角柱のてん開図の続きをかきましょう。〔20点〕

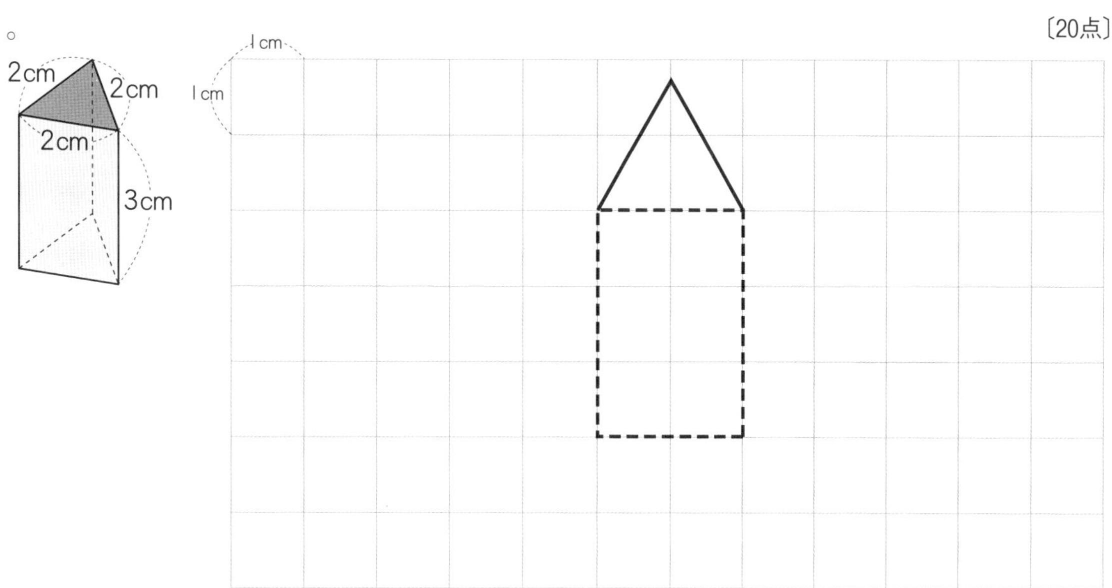

2 底面の直径が２cmで，高さが４cmの円柱のてん開図の続きをかきましょう。〔20点〕

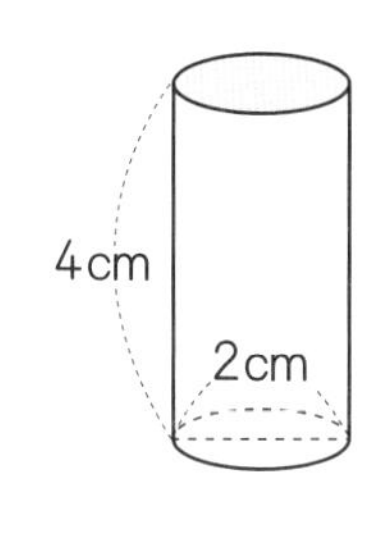

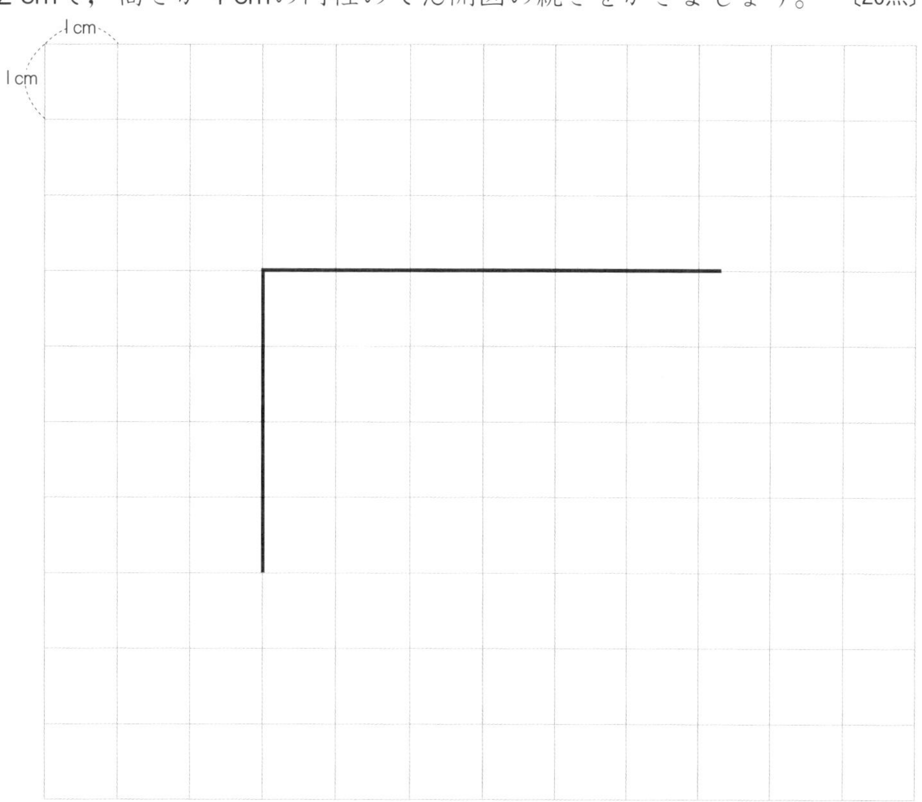

3 次のてん開図を組み立ててできる形の見取図をかきましょう。〔1問　15点〕

① 三角柱

② 円柱

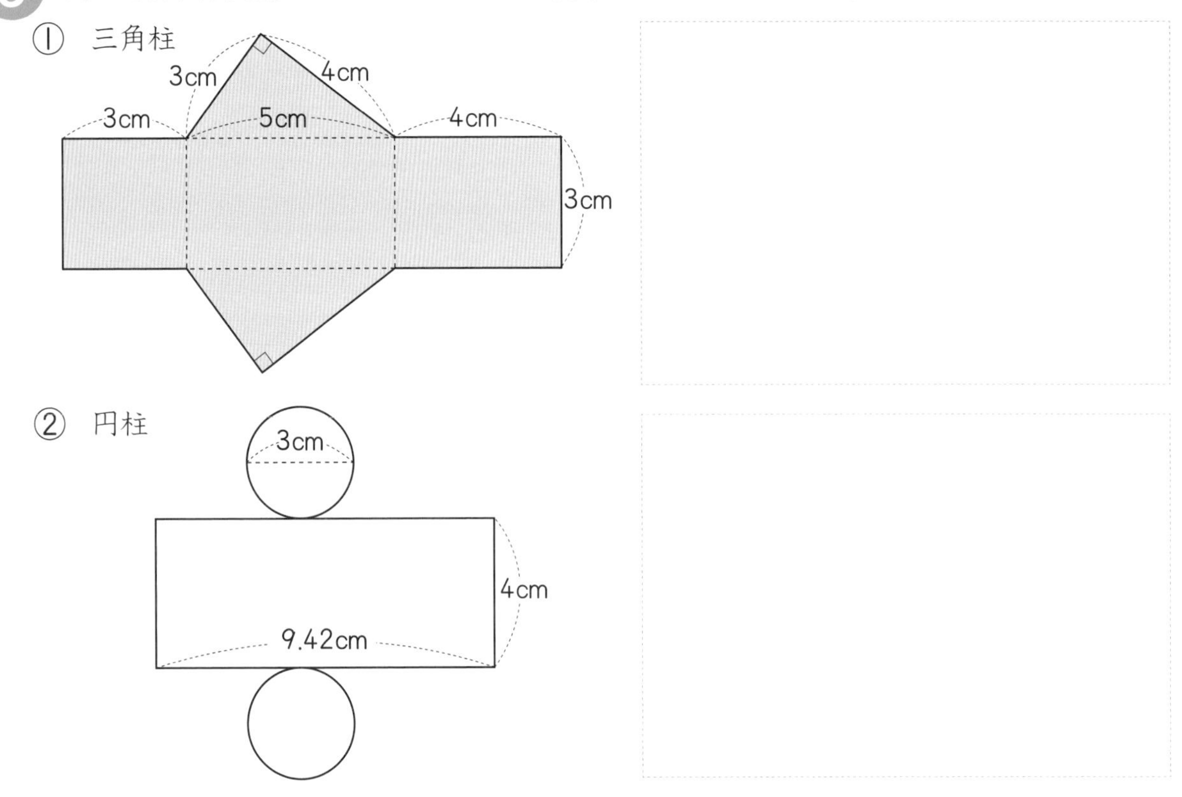

4 底面の直径が 2 cmで，高さが 2 cmの円柱の見取図とてん開図をかきましょう。

〔それぞれ　15点〕

（見取図）

（てん開図）

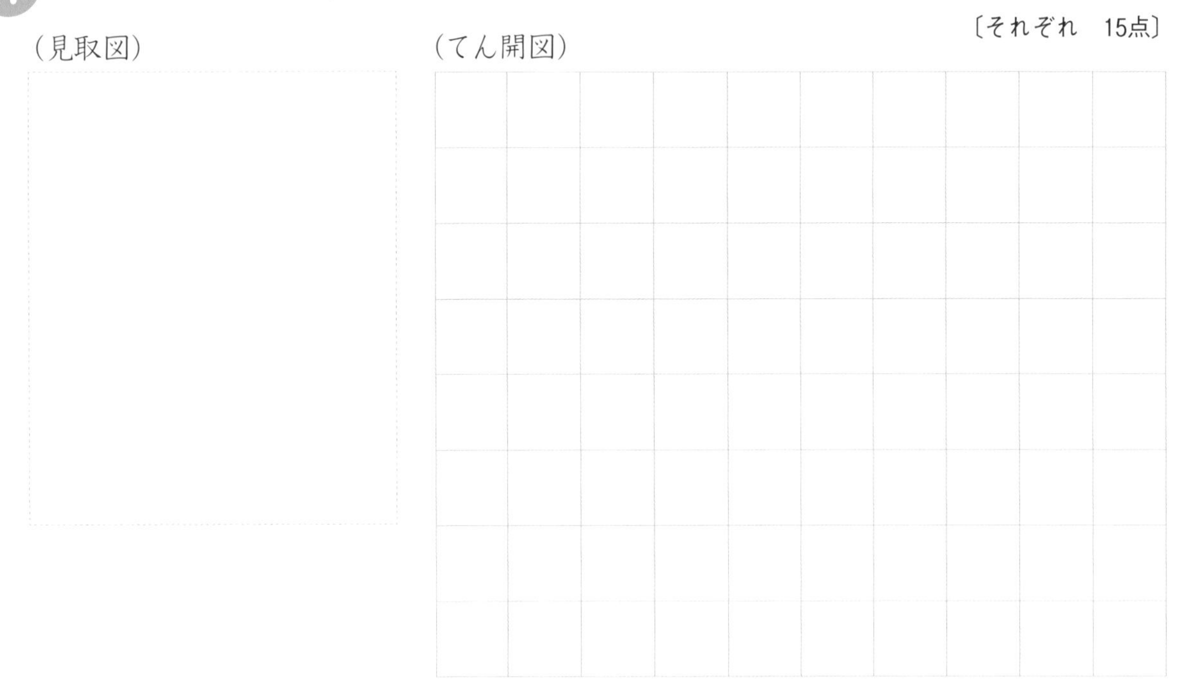

問題のほかにも，四角柱や五角柱のてん開図をかいてみよう。

とく点　　点

体 積 ①

月　　日　名前

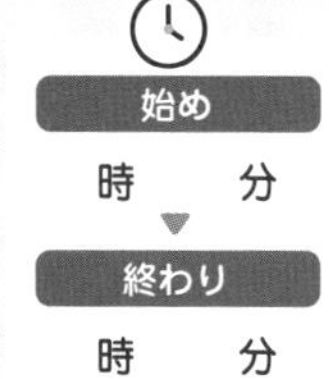

覚えておこう

● Ⅰ辺がⅠcmの立方体の**体積**(かさ)をⅠ**立方センチメートル**といい，Ⅰcm³と書きます。

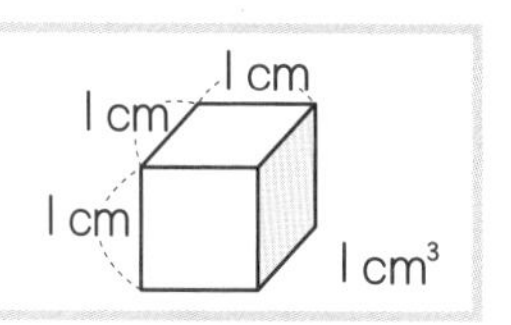

1 Ⅰ辺がⅠcmの立方体の積み木を使って，いろいろな形を作りました。それぞれの形の体積を書きましょう。　〔1問　4点〕

①
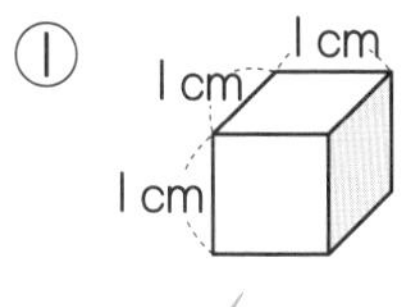

（ Ⅰ cm³ ）

②
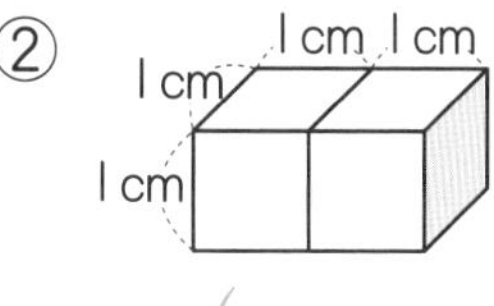

（ 2 cm³ ）

③
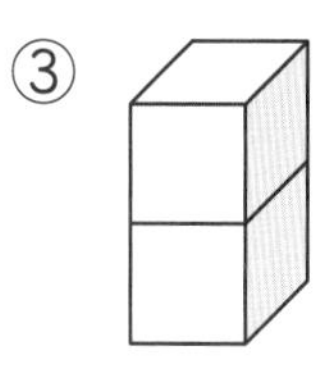

（ 2 cm³ ）

④
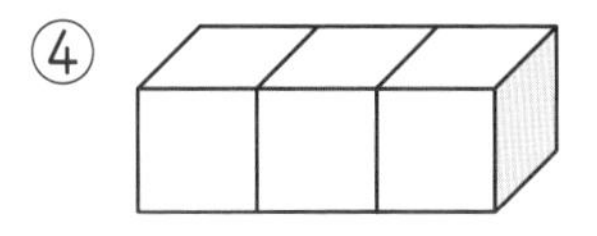

（　　　　）

⑤

（　　　　）

⑥
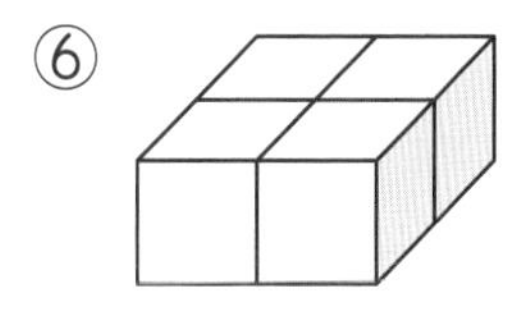

（　　　　）

⑦
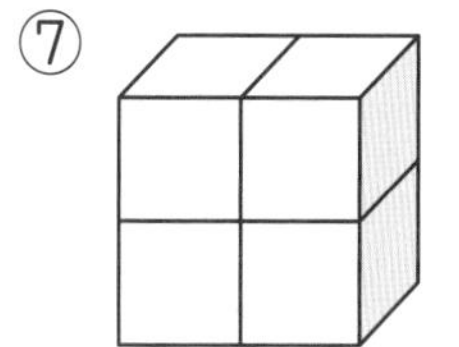

（　　　　）

⑧
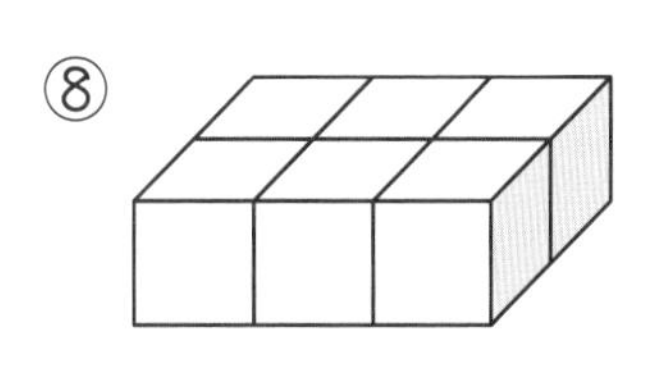

（　　　　）

⑨
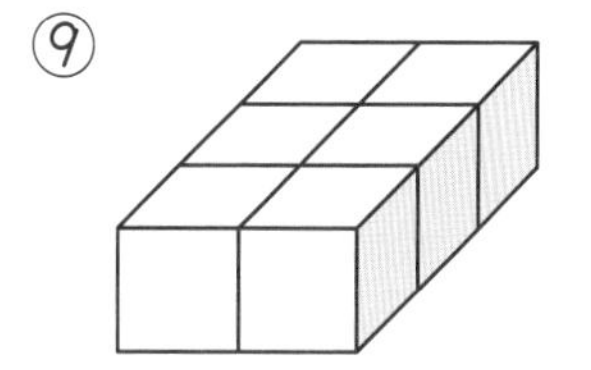

（　　　　）

⑩
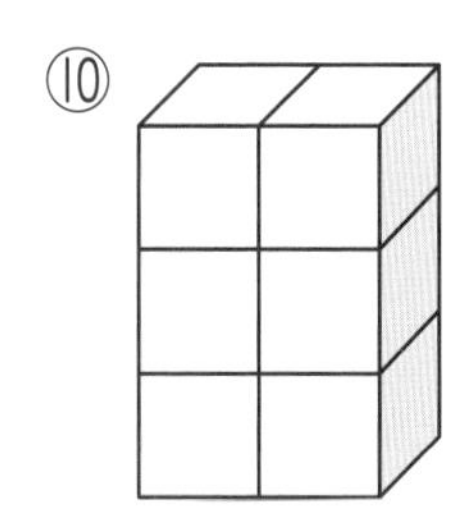

（　　　　）

⑪
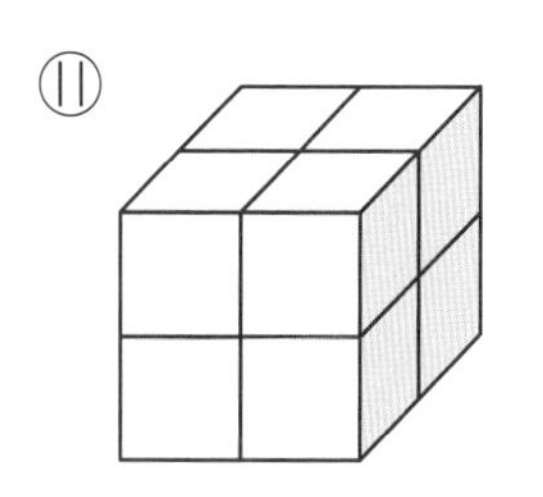

（　　　　）

2 次の直方体の体積は何cm^3ですか。〔1問　7点〕

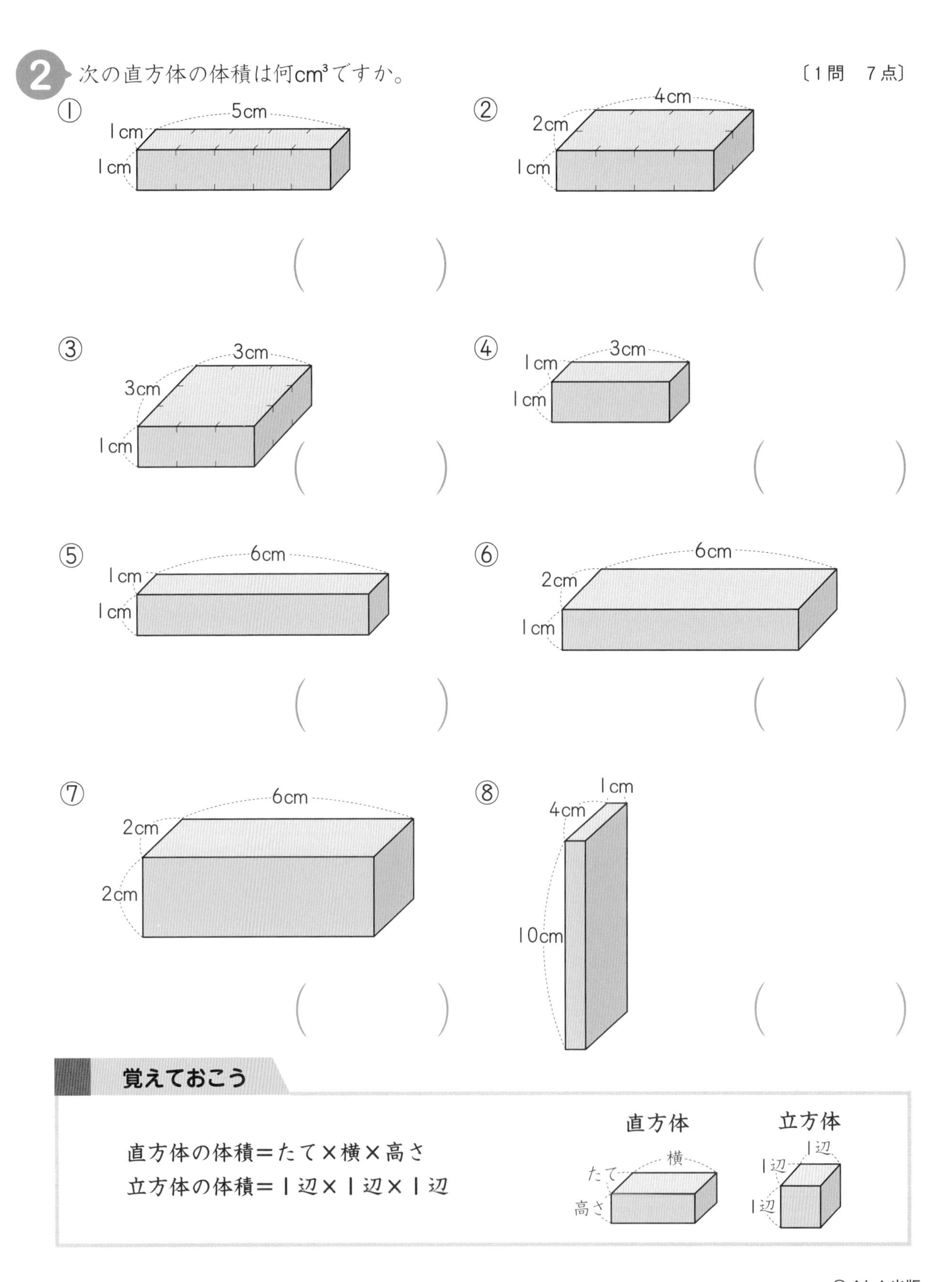

覚えておこう

直方体の体積＝たて×横×高さ
立方体の体積＝1辺×1辺×1辺

直方体や立方体の体積を求める公式は大切なので，しっかりと覚えておこう。

とく点　　点

体 積 

月　日　名前

時　分

時　分

1 次の直方体や立方体の体積は何cm³ですか。式を書いて求めましょう。〔1問　6点〕

①

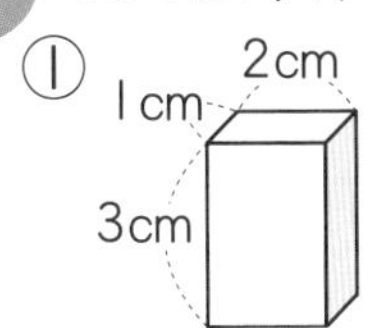

式　たて　横　高さ

1 × 2 × 3 ＝

答え（　　　　）

②

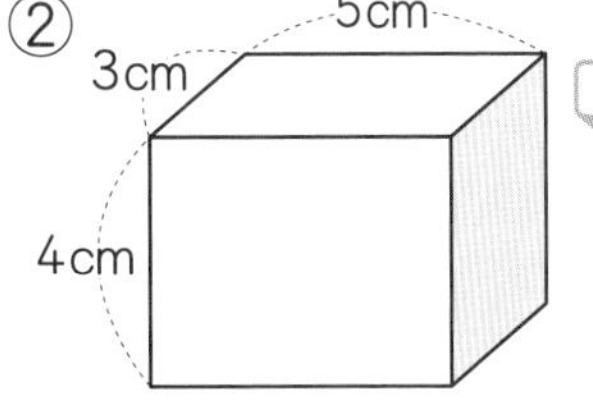
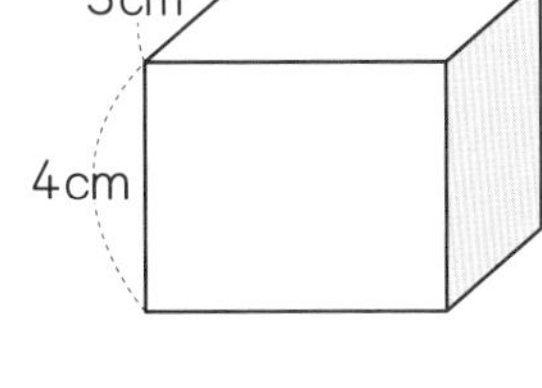

式

答え（　　　　）

③

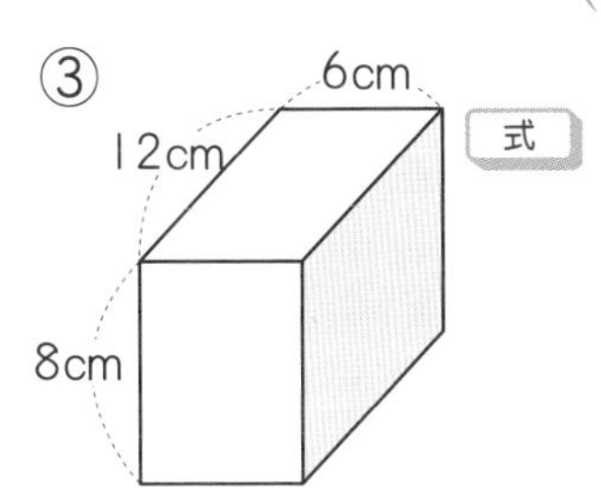

式

答え（　　　　）

④

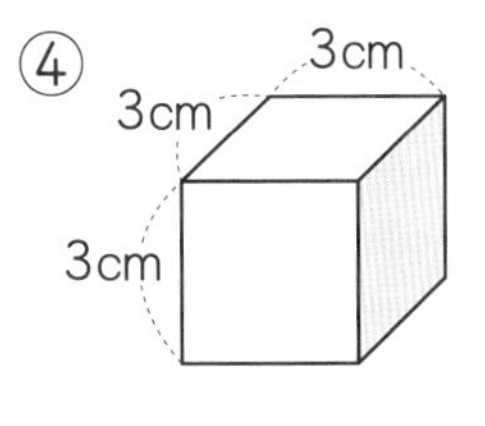

式

答え（　　　　）

覚えておこう

- 1辺が1mの立方体の体積を**1立方**（りっぽう）**メートル**といい，1m³と書きます。

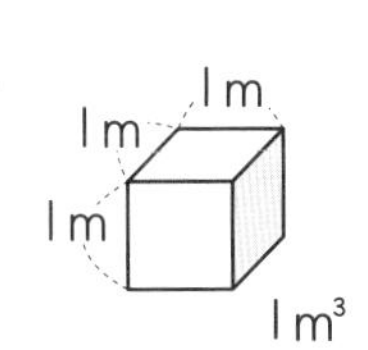

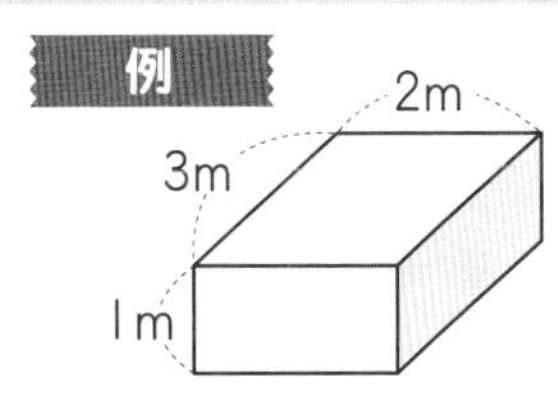

3×2×1＝6
6m³

2 次の直方体や立方体の体積は何m³ですか。〔1問　7点〕

①

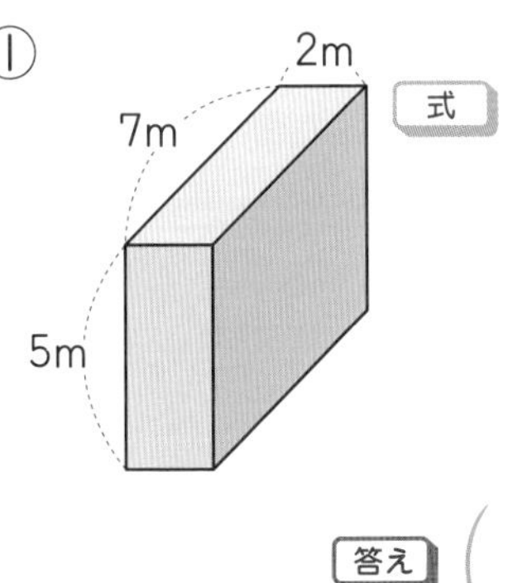

式

答え（　　　　）

②

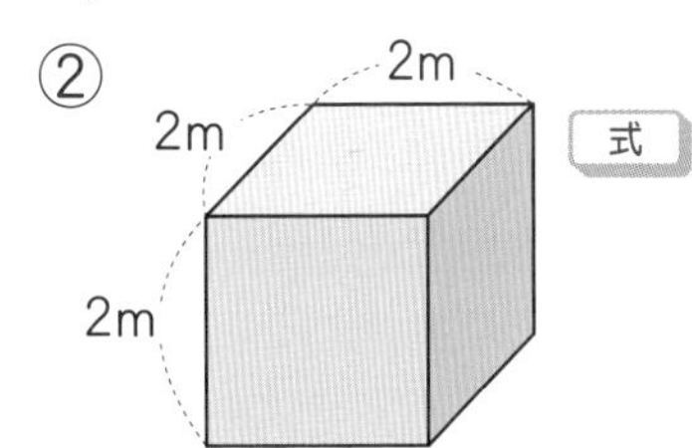

式

答え（　　　　）

3 次の直方体の体積は何m³ですか。式を書いて求めましょう。　〔1問　7点〕

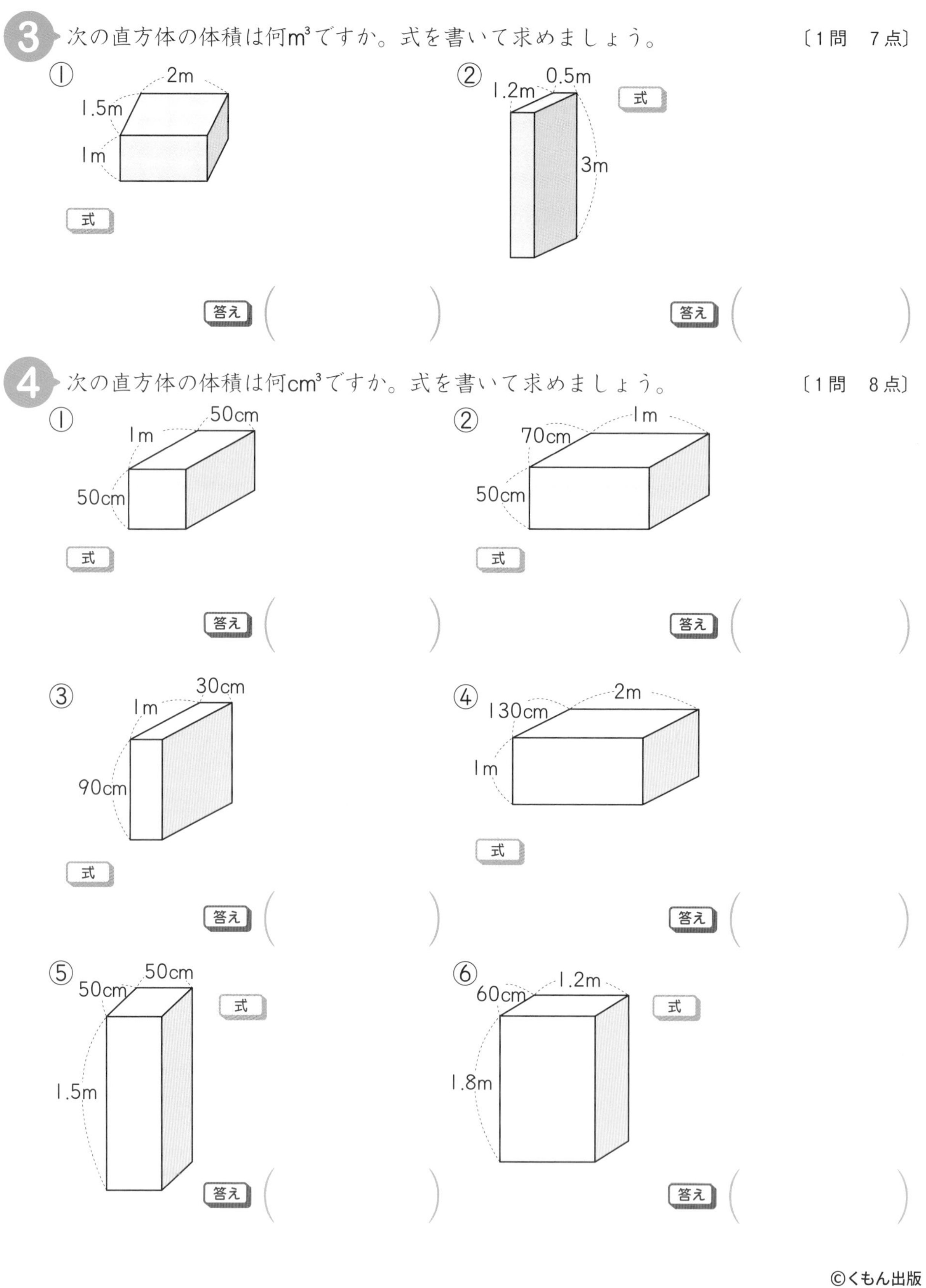

4 次の直方体の体積は何cm³ですか。式を書いて求めましょう。　〔1問　8点〕

たて，横，高さの単位のちがうものは，単位をそろえてから計算しよう。

とく点　　点

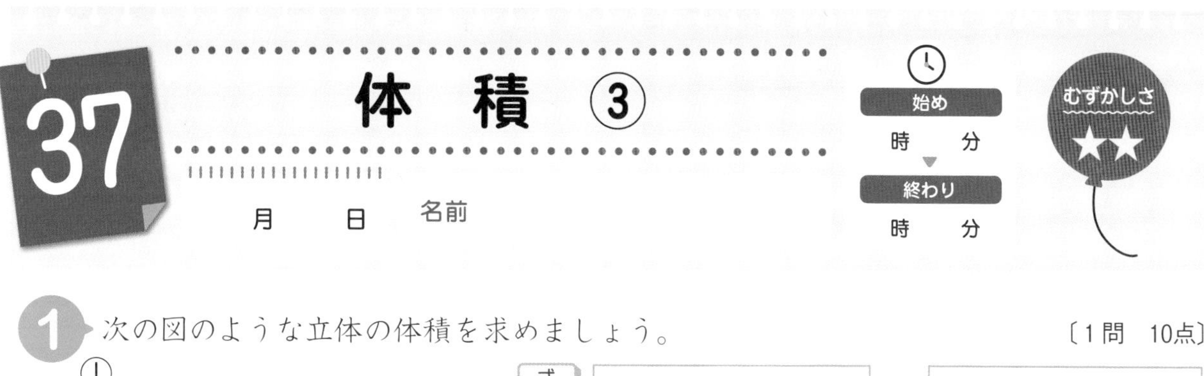

1 次の図のような立体の体積を求めましょう。 〔1問 10点〕

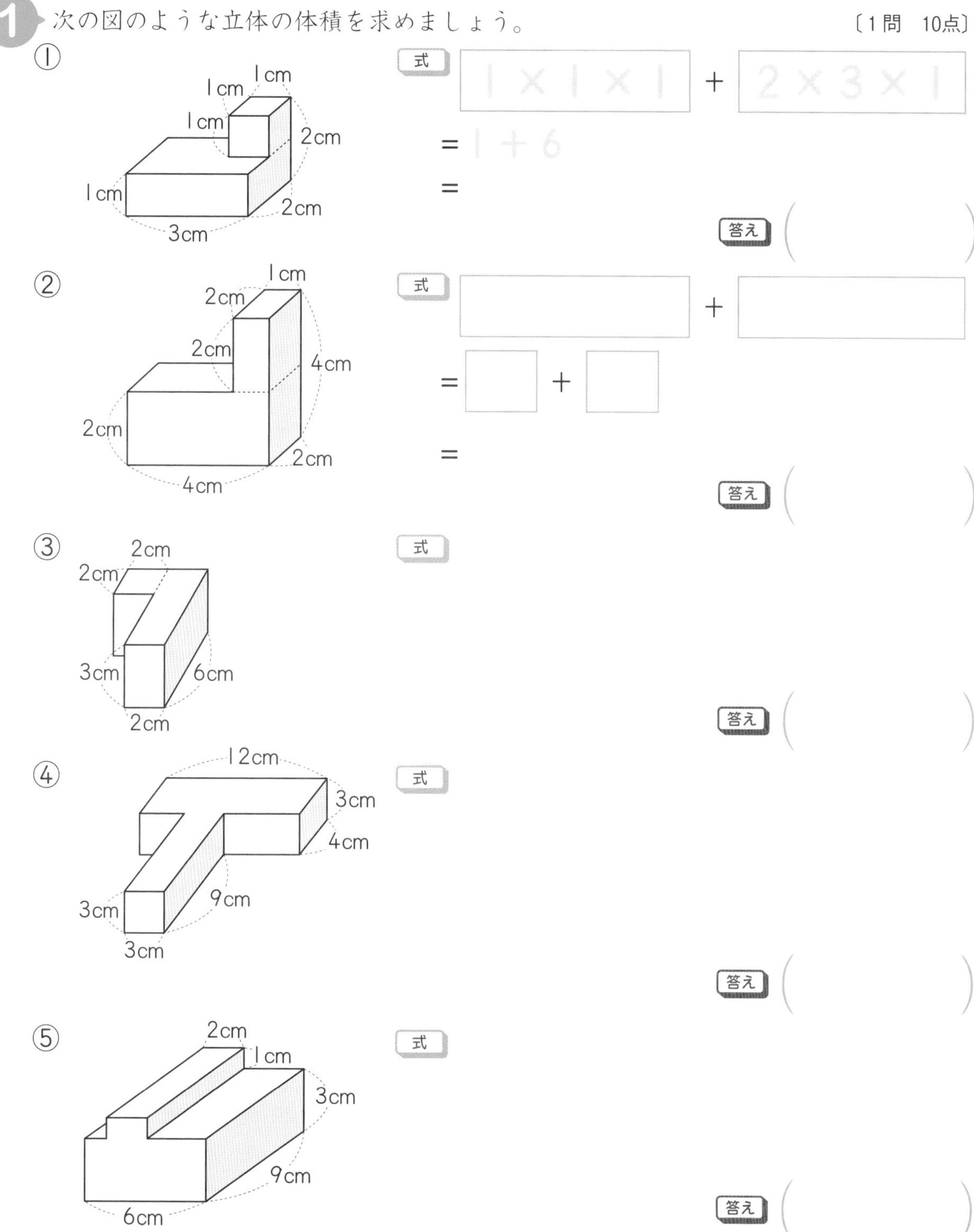

2 次の図のような立体の体積を求めましょう。〔1問　10点〕

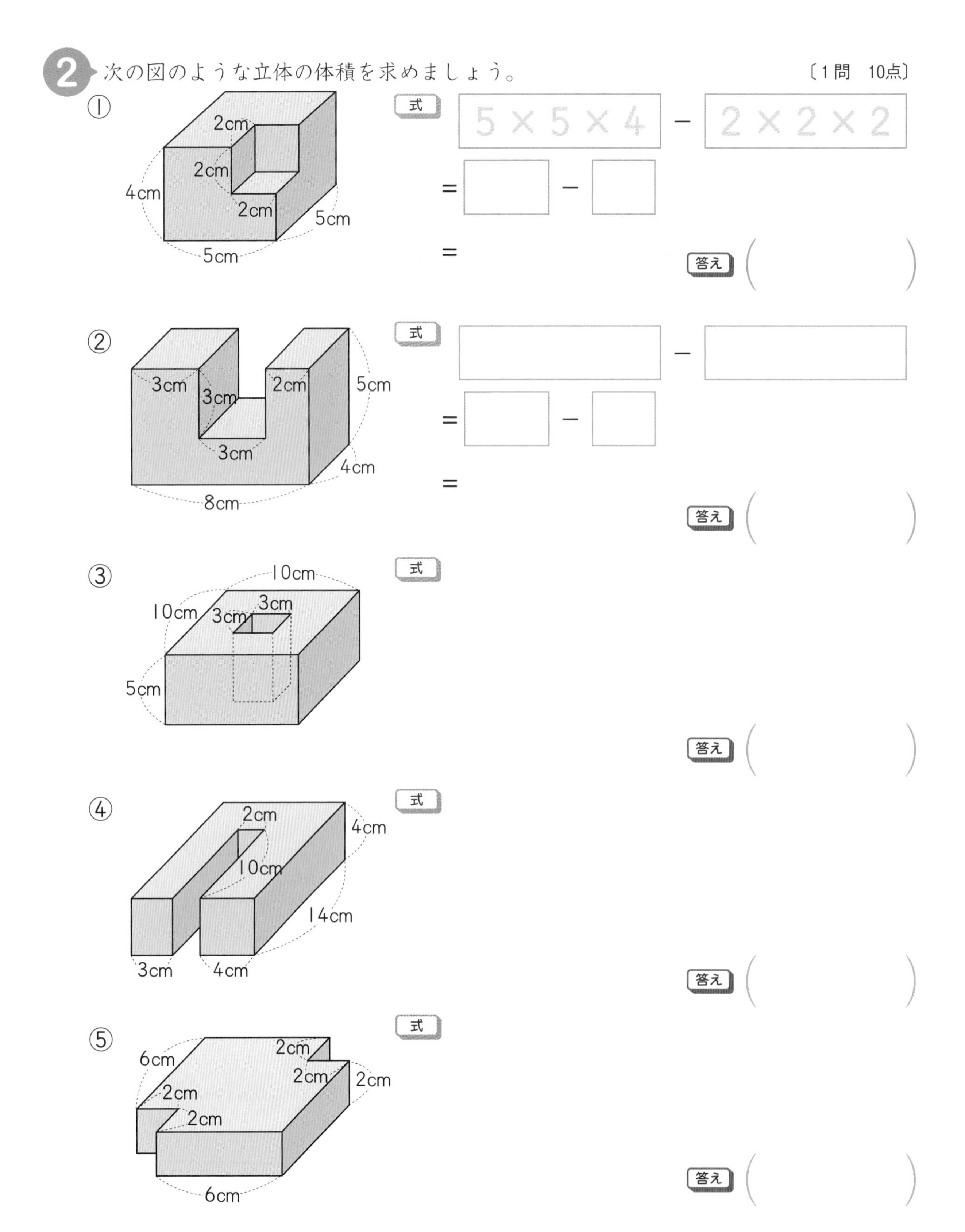

ふくざつな形も，よく見ると立方体や直方体が組み合わさってできているんだね。

とく点　　点

体 積 ④

月　日　名前

始め　時　分

終わり　時　分

覚えておこう

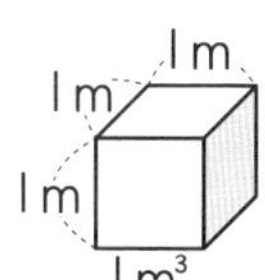

$1\,m^3 = 1000000\,cm^3$

$1\,L = 1000\,cm^3$

- １mは100cmですから，$1\,m^3 = (100 \times 100 \times 100)\,cm^3 = 1000000\,cm^3$
- １L＝1000mLですから，１mL＝１cm^3

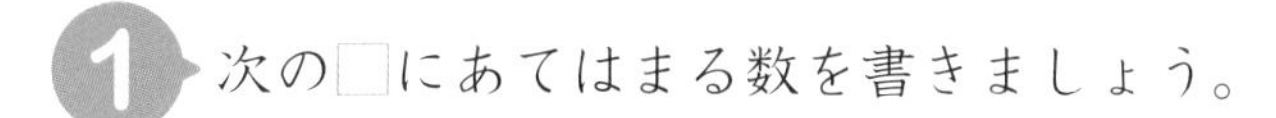

1 次の□にあてはまる数を書きましょう。〔１問　４点〕

① $1m^3 =$ □ cm^3

② $2m^3 = (2 \times 1000000)\,cm^3$
　$=$ □ cm^3

③ $5m^3 =$ □ cm^3

④ $10m^3 =$ □ cm^3

⑤ $1L =$ □ cm^3

⑥ $2L = (1000 \times 2)\,cm^3$
　$=$ □ cm^3

⑦ $4L =$ □ cm^3

⑧ $1mL =$ □ cm^3

⑨ $200mL =$ □ cm^3

⑩ $1000000cm^3 =$ □ m^3

⑪ $3000000cm^3 = (3000000 \div 1000000)\,m^3$
　$=$ □ m^3

⑫ $7000000cm^3 =$ □ m^3

⑬ $10000000cm^3 =$ □ m^3

⑭ $1000cm^3 =$ □ L

⑮ $3000cm^3 = (3000 \div 1000)\,L$
　$=$ □ L

⑯ $7000cm^3 =$ □ L

⑰ $1cm^3 =$ □ mL

⑱ $15cm^3 =$ □ mL

2 1辺の長さが次のような立方体の体積の単位を（　）に書きましょう。

〔（　）1つ　4点〕

① 1辺が1cmの立方体の体積

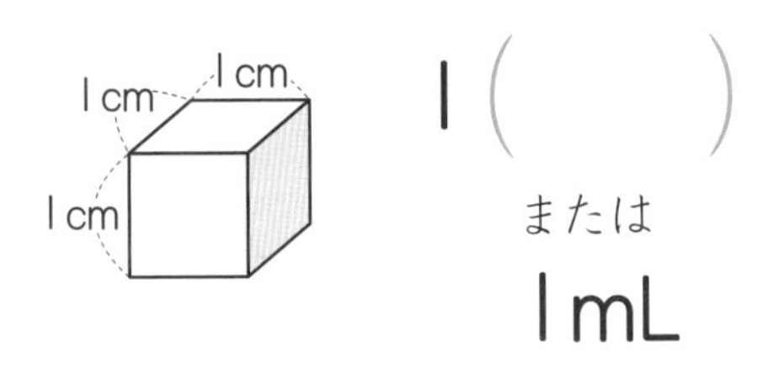

② 1辺が10cmの立方体の体積

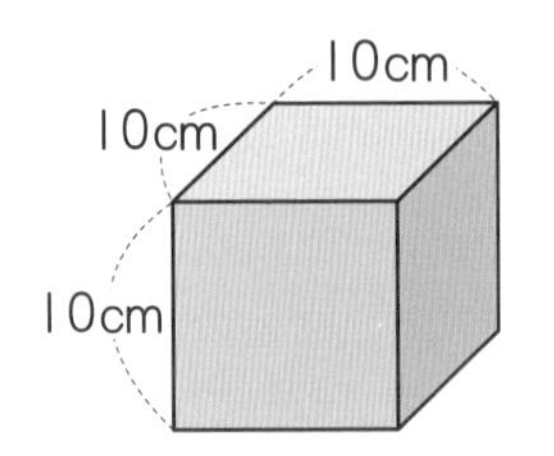

または

1L

③ 1辺が1mの立方体の体積

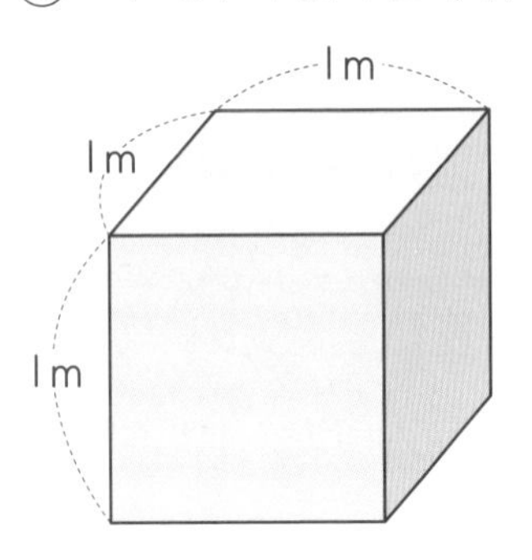

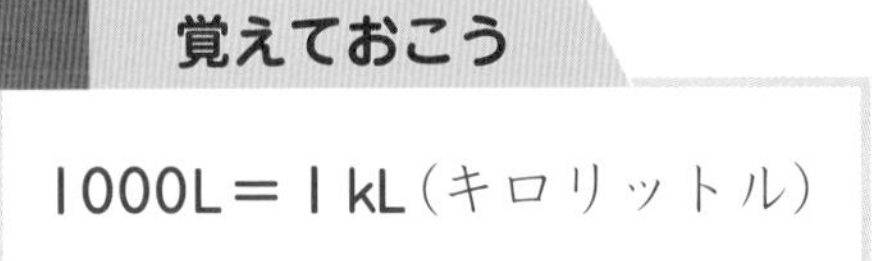

3 立方体の1辺の長さと体積について，次の問題に答えましょう。　〔（　）1つ　4点〕

① 体積の単位の関係を表にまとめます。それぞれの単位は何倍，または何分の一の関係になっていますか。↶↷に合わせて，あいている（　）に書きましょう。

立方体の1辺の長さ	1cm		10cm	1m
立方体の体積	1cm³	100cm³	1000cm³	1m³
	1mL	1dL	1L	1kL
単位の関係	（$\frac{1}{100}$）	（$\frac{1}{10}$）	（　）	（　倍）

② 立方体の1辺の長さが10倍になると，立方体の体積は何倍になりますか。

（　　　　）

体積の単位を整理して覚えておこう。

とく点　　点

体 積 ⑤

月　日　名前

1 箱の内側の長さが右の図のような直方体の形をした箱があります。この箱には何cm³の水が入るか求めましょう。〔7点〕

式

答え（　　　）

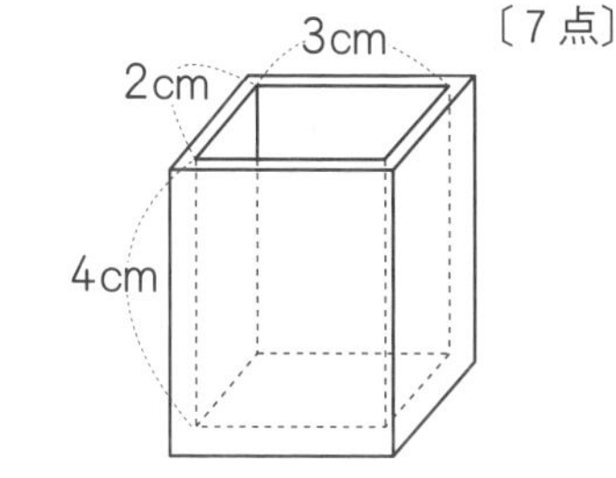

覚えておこう

- 入れ物の内側の長さを**内のり**（うち）、内側の高さを深さといいます。
- 入れ物の大きさは、その中に入る水などの体積で表します。
  これを入れ物の**容積**（ようせき）といいます。

容積＝内のりのたて×内のりの横×深さ

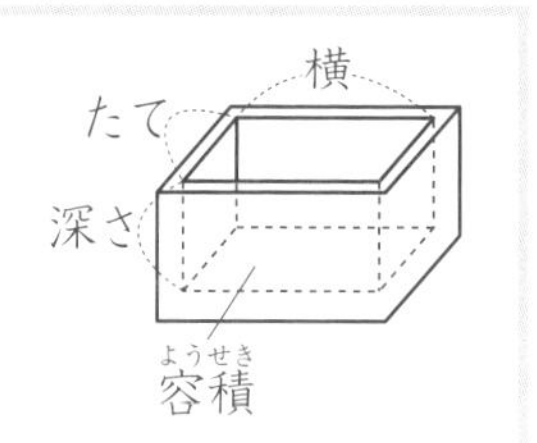

2 あつさ１cmの板で作った次の図のような直方体の形をした入れ物があります。内のりの長さを求めて，容積（ようせき）を求めましょう。〔1問　7点〕

①

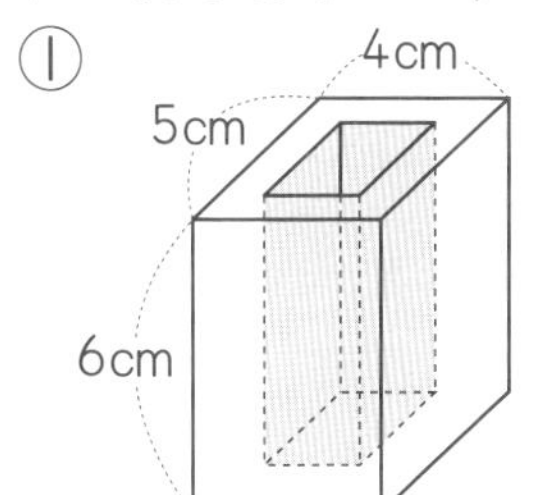

式
（内のりのたての長さ）…5－2＝3
（内のりの横の長さ）…4－2＝2
（深さ）………6－1＝5
（容積）………

②

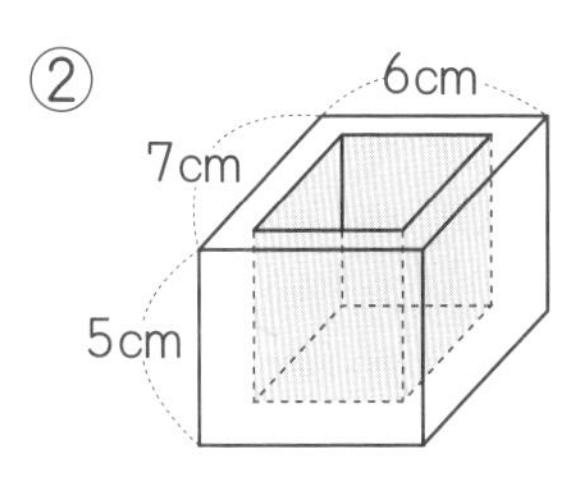

式
（内のりのたての長さ）…
（内のりの横の長さ）…
（深さ）………
（容積）………

答え（　　　）

③

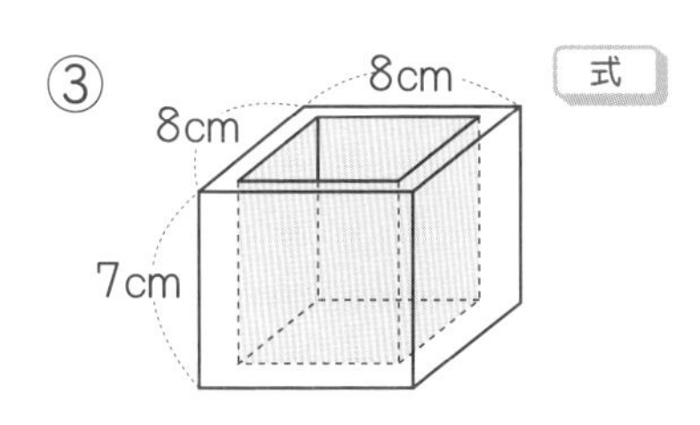

式

3 次のような形をした入れ物の容積(ようせき)を求めましょう。〔1問　9点〕

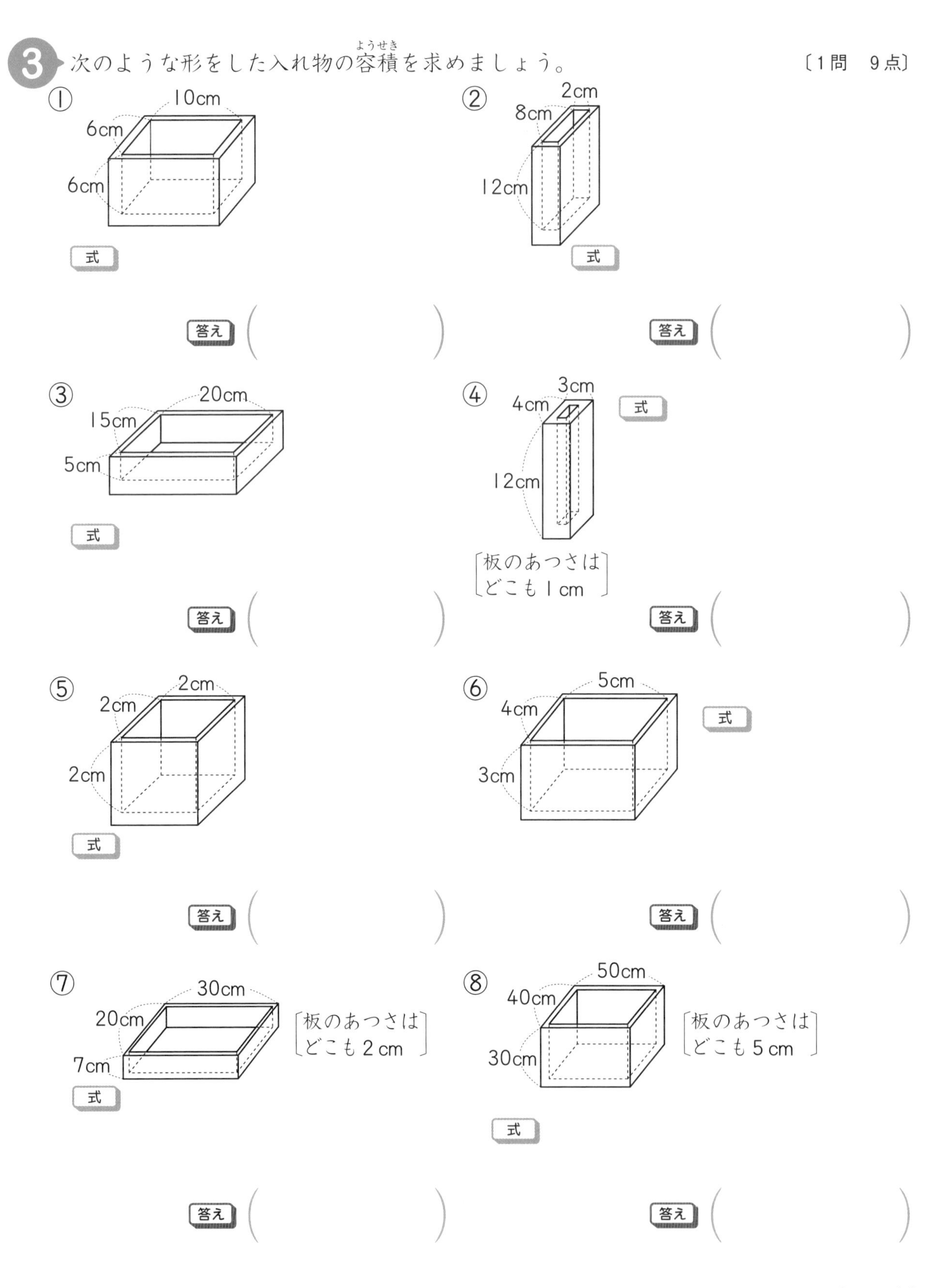

入れ物のあつさに注意して，計算しよう。

とく点　　点

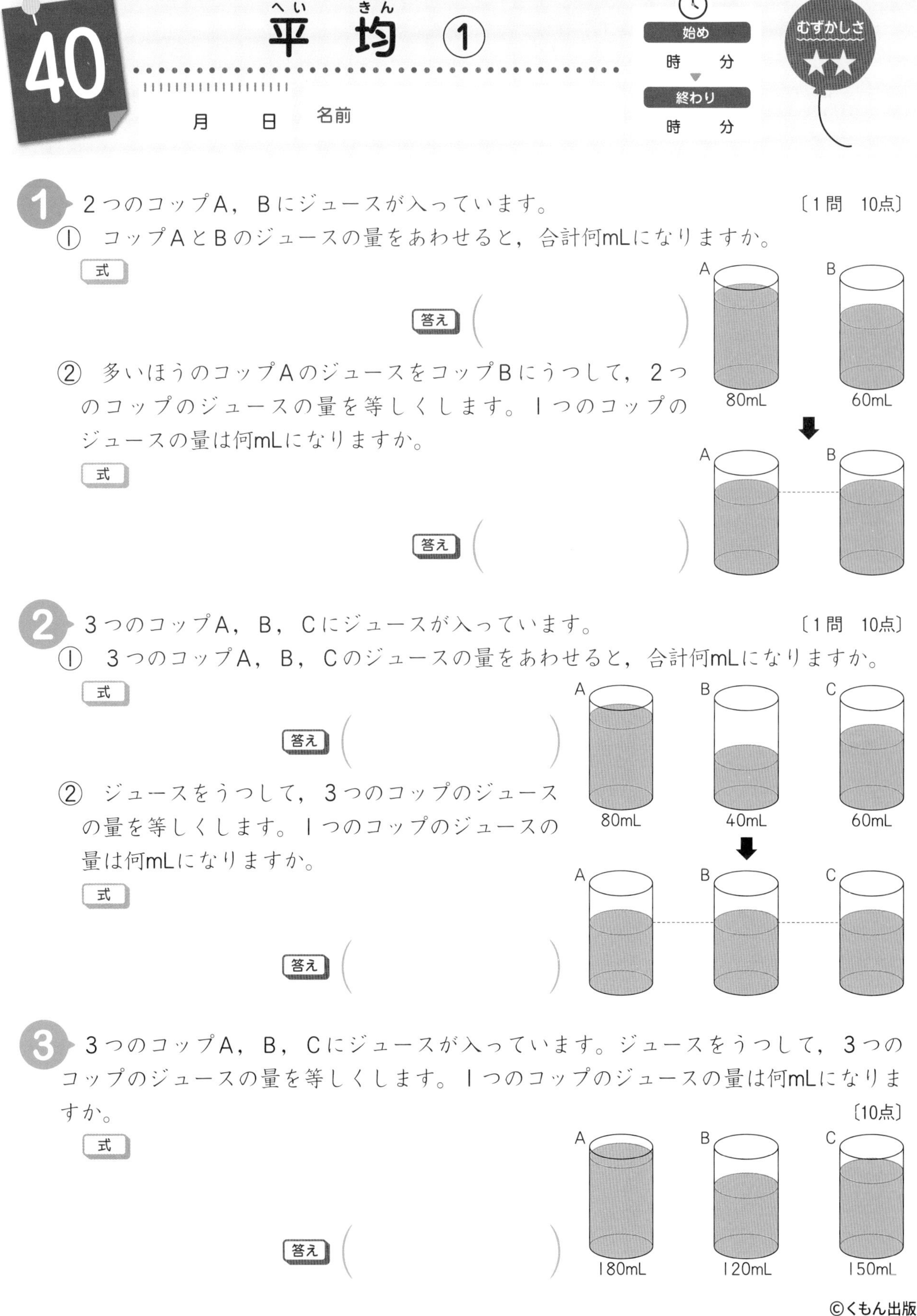

40 平均(へいきん)①

月　日　名前

始め　時　分　終わり　時　分

むずかしさ ★★

1 2つのコップA，Bにジュースが入っています。〔1問　10点〕

① コップAとBのジュースの量をあわせると，合計何mLになりますか。

式

答え（　　　）

② 多いほうのコップAのジュースをコップBにうつして，2つのコップのジュースの量を等しくします。1つのコップのジュースの量は何mLになりますか。

式

答え（　　　）

2 3つのコップA，B，Cにジュースが入っています。〔1問　10点〕

① 3つのコップA，B，Cのジュースの量をあわせると，合計何mLになりますか。

式

答え（　　　）

② ジュースをうつして，3つのコップのジュースの量を等しくします。1つのコップのジュースの量は何mLになりますか。

式

答え（　　　）

3 3つのコップA，B，Cにジュースが入っています。ジュースをうつして，3つのコップのジュースの量を等しくします。1つのコップのジュースの量は何mLになりますか。〔10点〕

式

答え（　　　）

4 オレンジを5個しぼったら，右の図のような量のジュースがとれました。

〔1問　10点〕

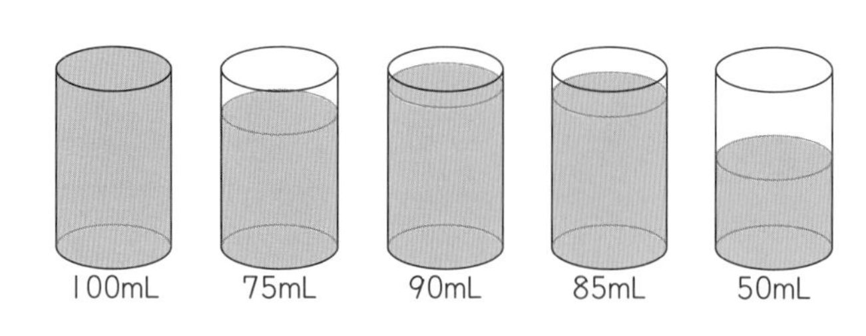

① 全部で何mLのジュースがとれましたか。

式

答え（　　　　　）

② 5個のオレンジから同じ量ずつしぼれたとすると，1個あたり何mLのジュースがしぼれたことになりますか。

式

答え（　　　　　）

覚えておこう

●いくつかの数量を，等しい大きさになるようにならしたものを，**平均**といいます。

平均＝合計÷個数

5 下の表は，ゆいさんが月曜日から金曜日までの5日間に飲んだ牛にゅうの量を表したものです。ゆいさんは，1日平均何mLの牛にゅうを飲んだことになりますか。〔15点〕

式

ゆいさんの飲んだ牛にゅうの量

曜日	月	火	水	木	金
牛にゅうの量(mL)	140	180	200	190	160

答え（　　　　　）

6 下の表は，5年1組で，先週の休み時間に図書室から借りた本のさっ数を調べたものです。1日平均何さつ借りたことになりますか。〔15点〕

式

借りた本のさっ数

曜日	月	火	水	木	金
さっ数(さつ)	5	4	0	8	7

答え（　　　　　）

まちがえた問題は，もう一度やり直してみよう。

とく点　　点

平均（へいきん） 

月　日　名前

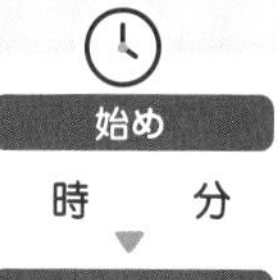

1 しょうさんが10歩歩いた長さは6m30cmでした。しょうさんの歩はばは何mですか。

〔10点〕

式　6m30cm＝6.3m

6.3÷10＝

答え（　　　　　　）

2 右の表は，ひろとさんが10歩ずつ3回歩いた記録です。　〔1問　10点〕

① 10歩の長さの3回の平均（へいきん）は何mですか。

回数	1	2	3
10歩の長さ(m)	6.52m	6.18m	6.5m

式　6.52＋6.18＋6.5＝

答え（　　　　　　）

② ひろとさんの歩はばは何mと考えればよいですか。

式

答え（　　　　　　）

3 下の表は，かほさんが10歩ずつ5回歩いた記録です。かほさんの歩はばは何mと考えればよいですか。

〔10点〕

回数	1	2	3	4	5
10歩の長さ(m)	4.52m	4.87m	4.36m	4.48m	4.77m

式

答え（　　　　　　）

4 右の表は，ゆうきさんが10歩ずつ3回歩いた記録です。〔1問　15点〕

① ゆうきさんの歩はばは何mと考えればよいですか。

回　数	1	2	3
10歩の長さ(m)	6.14	5.94	6.22

式

答え（　　　）

② 歩数を使って北校舎の長さを調べたら，ゆうきさんの歩はばでは，97歩ありました。北校舎の長さは約何mですか。答えは四捨五入(ししゃごにゅう)して整数で求めましょう。

式

答え（　　　）

5 右の表は，ひなさんが10歩ずつ5回歩いた記録です。〔1問　15点〕

① ひなさんの歩はばは何mと考えればよいですか。

回　数	1	2	3	4	5
10歩の長さ(m)	4.56	4.69	4.81	4.92	4.52

式

答え（　　　）

② ひなさんが学校のプールのまわりの長さを歩はばではかったら，205歩ありました。学校のプールのまわりの長さは約何mありますか。答えは四捨五入(ししゃごにゅう)して整数で求めましょう。

式

答え（　　　）

全部できたかな。まちがえた問題は，やり直してみよう。

とく点　　点

42 単位量あたりの大きさ ①

月　日　名前

1 下の図のように，A，B，Cの３つの小屋でにわとりをかっています。

〔1問　全部できて８点〕

A

小屋の面積：５m²

B

小屋の面積：５m²

C

小屋の面積：６m²

① AとBの小屋では，どちらがこんでいるといえますか。　（ B ）

② BとCの小屋では，どちらがこんでいるといえますか。　（　　）

③ AとCの小屋で，１m²あたりのにわとりの数を求めましょう。わり切れないときは，答えを四捨五入して，$\frac{1}{10}$の位まで求めましょう。

(A) 式 6÷5＝　　答え（　　）わ

(C) 式　　答え（　　）わ

④ こんでいるといえるのは，１m²あたりのにわとりの数が多いほうですか，少ないほうですか。

（　　）

⑤ AとCの小屋で，にわとり１わあたりの面積を求めましょう。わり切れないときは，答えを四捨五入して，$\frac{1}{100}$の位まで求めましょう。

(A) 式 5÷6＝　　答え（　　）m²

(C) 式　　答え（　　）m²

⑥ こんでいるといえるのは，１わあたりの面積が広いほうですか，せまいほうですか。

（　　）

⑦ AとCの小屋では，どちらがこんでいるといえますか。　（　　）

2 右の表は，東公園と西公園の面積と遊んでいる人数を表したものです。

〔1問　全部できて8点〕

① 東公園と西公園で，$1\,m^2$あたりに遊んでいる人数を求めましょう。

公園の面積と遊んでいる人数

	面積(m^2)	人数(人)
東公園	140	56
西公園	200	90

(東公園) 式 56÷140＝

答え (　　　　)

(西公園) 式

答え (　　　　)

② 東公園と西公園で，1人あたりの面積を求めましょう。わり切れないときは，答えを四捨五入(ししゃごにゅう)して，$\frac{1}{10}$の位まで求めましょう。

(東公園) 式 140÷56＝

答え (　　　　)

(西公園) 式

答え (　　　　)

③ こんでいるのは，どちらの公園ですか。

(　　　　)

覚えておこう

● $1\,km^2$あたりの人口を**人口密度**(じんこうみつど)といいます。

3 右の表は，徳島県(とくしまけん)と愛媛県(えひめけん)の面積と人口を表したものです。　〔1問　全部できて10点〕

① それぞれの人口密度(みつど)を求めましょう。答えは四捨五入(ししゃごにゅう)して，整数で求めましょう。

面積と人口　(2018年)

	面積(km^2)	人口(万人)
徳島県(とくしまけん)	4147	74
愛媛県(えひめけん)	5678	135

(徳島県) 式 740000÷4147
＝

答え (　　　　)

(愛媛県) 式

答え (　　　　)

② 人口密度(みつど)が大きいのは，どちらの県ですか。

(　　　　)

単位量あたりの大きさの求め方を，しっかり覚えておこう。

とく点　　点

単位量あたりの大きさ ②

月　日　名前

1 右の表は，A小学校とB小学校の学校園の面積と，とれたじゃがいもの重さを表したものです。〔1問　全部できて10点〕

① 1 m^2あたりにとれたじゃがいもの重さを求めましょう。

学校園の面積と　とれたじゃがいもの重さ

	面積（m^2）	とれた重さ（kg）
A	12	30
B	15	42

（A小学校）式 30÷12＝

答え（　　　）

（B小学校）式

答え（　　　）

② じゃがいもがよくとれたといえるのは，どちらの小学校の学校園ですか。

（　　　）

2 8mで200円の赤いテープと，5mで130円の白いテープがあります。どちらのほうが安いといえるでしょうか。1mあたりのねだんでくらべましょう。〔10点〕

（赤いテープ）式 200÷8＝

（白いテープ）式

答え（　　　）

3 ガソリン12Lで108km走る自動車Aと，ガソリン16Lで152km走る自動車Bでは，1Lあたりどちらのほうが長い道のりを走りますか。〔10点〕

式

答え（　　　）

4 1mあたり45円のリボンがあります。 〔1問 10点〕

① このリボン12mのねだんはいくらですか。

式 $45 \times 12 =$

答え（　　　　）

② このリボンを900円買いました。買った長さは何mですか。

式 $45 \times \square = 900$

$\square = 900 \div 45$

$=$

答え（　　　　）

5 1Lのガソリンで15km走る自動車があります。 〔1問 10点〕

① 32Lのガソリンでは何km走りますか。

式

答え（　　　　）

② 630km走るには何Lのガソリンが必要ですか。

式

答え（　　　　）

6 花だんに，1m²あたり0.5kgのひりょうをまきます。 〔1問 10点〕

① 8.4m²の花だんでは，何kgのひりょうを使いますか。

式

答え（　　　　）

② 1.6kgのひりょうでは，何m²の花だんにまくことができますか。

式

答え（　　　　）

まちがえた問題は，もう一度やり直してみよう。

とく点　　　点

1 右の表は，たくみさんたちが歩いたきょりとかかった時間を表したものです。速さをくらべましょう。
〔1問 全部できて8点〕

歩いたきょりとかかった時間

	きょり(km)	時間(時間)
たくみ	12	3
ゆうた	15	3
まさと	12	2

① たくみさんとゆうたさんでは，どちらが速く歩いたといえますか。

（　　　）

② たくみさんとまさとさんでは，どちらが速く歩いたといえますか。

（　　　）

③ ゆうたさんとまさとさんは1時間に何km歩きましたか。

（ゆうた） 式 15÷3＝　　　答え（　　　）

（まさと） 式　　　答え（　　　）

④ 速いといえるのは，1時間に歩いたきょりが長いほうですか，短いほうですか。

（　　　）

⑤ ゆうたさんとまさとさんは，1km歩くのに何時間かかりましたか。わり切れないときは，答えを四捨五入(ししゃごにゅう)して，$\frac{1}{100}$の位まで求めましょう。

（ゆうた） 式 3÷15＝　　　答え（　　　）

（まさと） 式　　　答え（　　　）

⑥ 速いといえるのは，1km歩くのにかかる時間が長いほうですか，短いほうですか。

（　　　）

⑦ ゆうたさんとまさとさんでは，どちらが速く歩いたといえますか。

（　　　）

2 右の表は，AとBの自動車の走った道のりとかかった時間を表したものです。速さをくらべましょう。〔1問　全部できて7点〕

① AとBの自動車が1時間あたりに走った道のりを求めましょう。

走った道のりとかかった時間

	道のり(km)	時間(時間)
A	130	2
B	180	3

（A）式 130÷2＝

答え（　　　）

（B）式

答え（　　　）

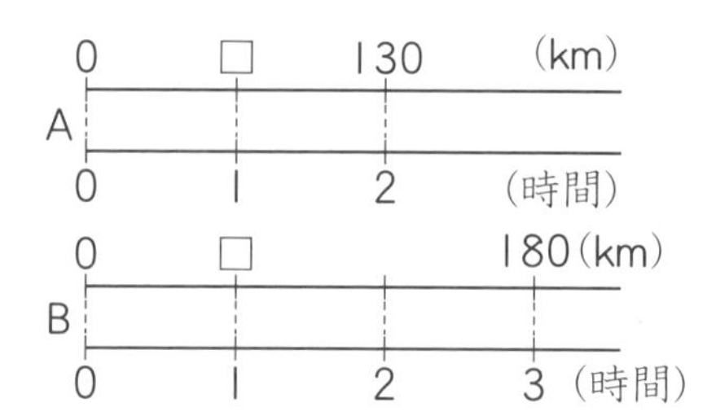

② AとBの自動車では，どちらが速いといえますか。

（　　　）

覚えておこう

- **速さ**は，単位時間に進む道のりで表します。
  速さ＝道のり÷時間
- 時速…1時間あたりに進む道のりで表した速さ
  分速…1分間あたりに進む道のりで表した速さ
  秒速…1秒間あたりに進む道のりで表した速さ

3 次の速さを求めましょう。〔1問　10点〕

① 150kmの道のりを2時間で走った電車の時速

式

答え（　　　）

② 3600mの道のりを15分間で走った自転車の分速

式

答え（　　　）

③ 160mの道のりを5秒で走ったチーターの秒速

式

答え（　　　）

速さの求め方を，しっかり覚えよう。

点

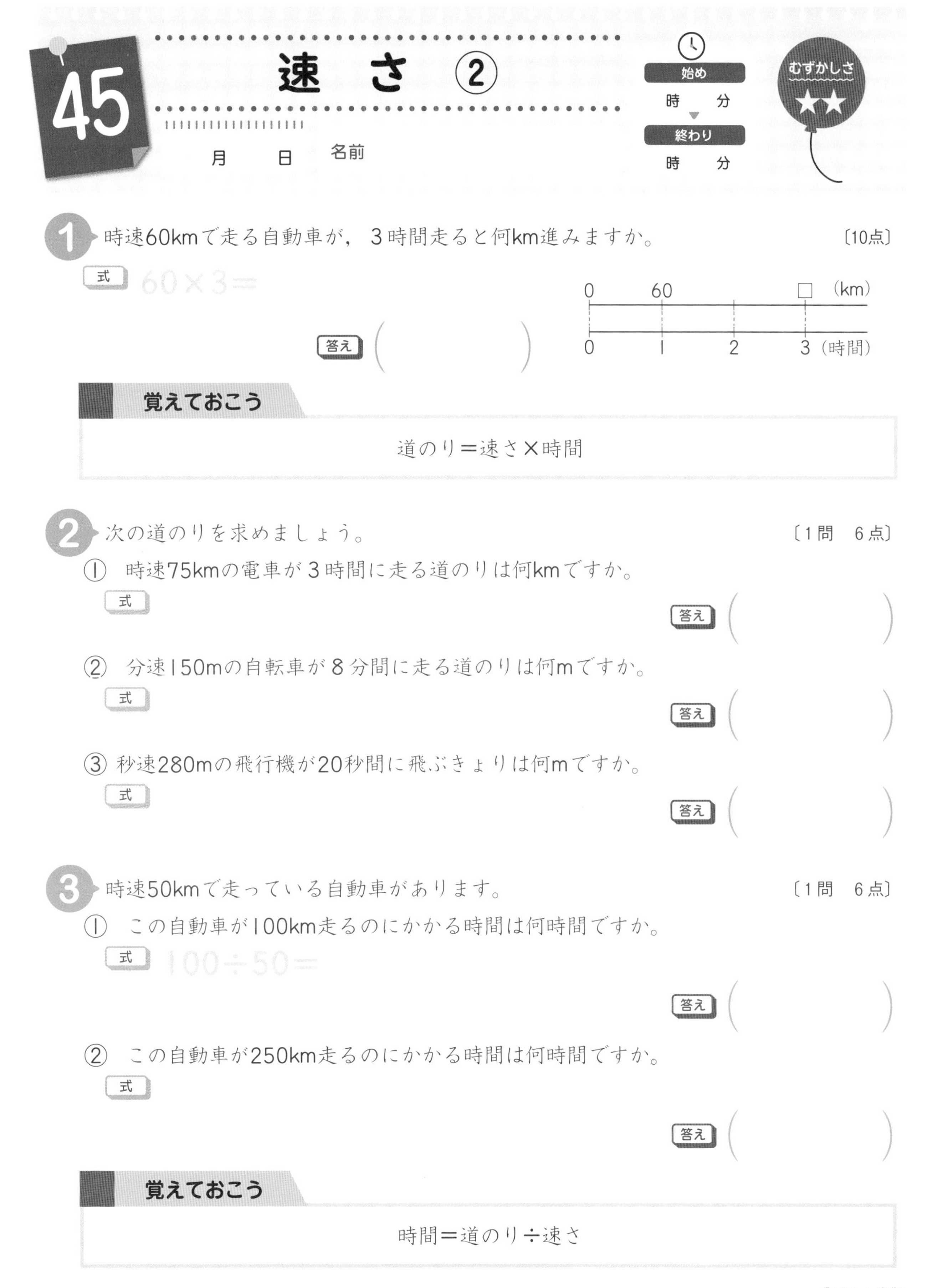

45 速さ ②

月　日　名前

始め　時　分
終わり　時　分

むずかしさ ★★

1 時速60kmで走る自動車が，３時間走ると何km進みますか。〔10点〕

式　60×3＝

答え（　　　）

覚えておこう

道のり＝速さ×時間

2 次の道のりを求めましょう。〔1問　6点〕

① 時速75kmの電車が３時間に走る道のりは何kmですか。

式

答え（　　　）

② 分速150mの自転車が８分間に走る道のりは何mですか。

式

答え（　　　）

③ 秒速280mの飛行機が20秒間に飛ぶきょりは何mですか。

式

答え（　　　）

3 時速50kmで走っている自動車があります。〔1問　6点〕

① この自動車が100km走るのにかかる時間は何時間ですか。

式　100÷50＝

答え（　　　）

② この自動車が250km走るのにかかる時間は何時間ですか。

式

答え（　　　）

覚えておこう

時間＝道のり÷速さ

4 次の時間を求めましょう。 〔1問　6点〕

① 時速65kmの電車が260km走るのにかかる時間

式 260÷65＝

答え（　　　）

② 分速180mの自転車が900m走るのにかかる時間

式

答え（　　　）

③ 秒速12mで走る馬が540m走るのにかかる時間

式

答え（　　　）

5 時速72kmで走っている電車があります。次の問題に答えましょう。

〔1問　6点〕

① 1時間は何分ですか。

（　　　）

② この電車の速さは分速何mですか。

式 72km＝72000m

72000÷60＝

答え（　　　）

③ 1時間は何秒ですか。

（　　　）

④ この電車の速さは秒速何mですか。

式

答え（　　　）

6 秒速15mで走る馬がいます。次の問題に答えましょう。 〔1問　6点〕

① この馬の速さは分速何mですか。

式 15×60＝

答え（　　　）

② この馬の速さは時速何mですか。

式

答え（　　　）

③ この馬の速さは時速何kmですか。

（　　　）

道のりや時間の求め方を，しっかり覚えよう。

とく点　　点

比例(ひれい) ①

1 右の図のように，マッチぼうを使って三角形をならべていきます。〔1問　全部できて10点〕

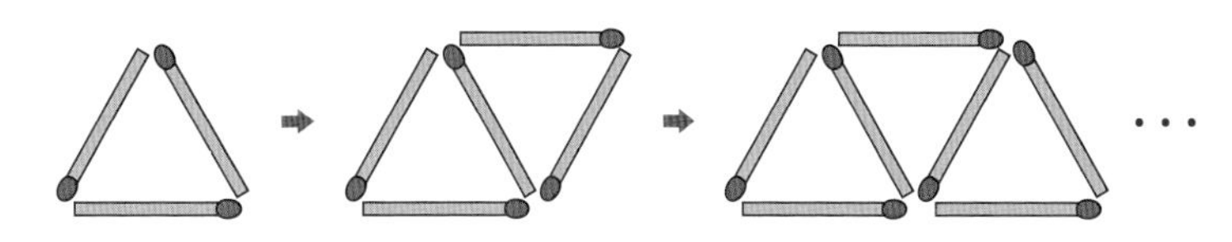

① 下の表は三角形の数と使うマッチぼうの数を表にしたものです。表のあいているらんに数を書き入れて表を完成させましょう。

（1増(ふ)える　1増(ふ)える）

三角形の数	1	2	3	4	5	6	7
マッチぼうの数（本）	3	5	7	9			

（2増(ふ)える　2増(ふ)える）

② 三角形の数が10のとき，マッチぼうは何本ですか。

答え（　　　　　）

2 右の図のように，たての長さが4cmの長方形の横の長さを，1cm，2cm，3cm，…と変えていきます。〔1問　全部できて10点〕

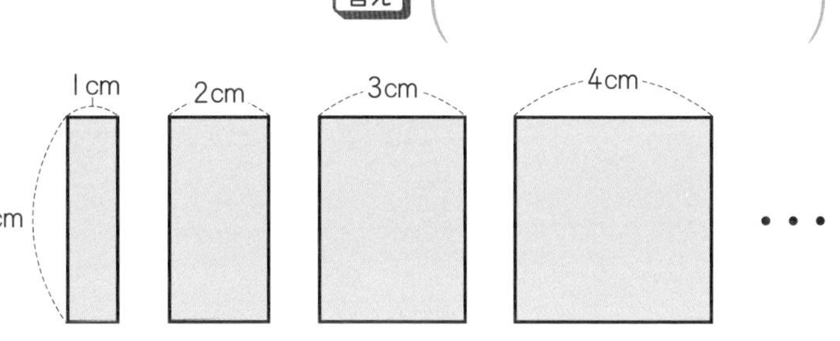

① 下の表は横の長さと長方形の面積を表にしたものです。表のあいているらんに数を書き入れて表を完成させましょう。

（2倍　3倍）

横の長さ（cm）	1	2	3	4	5	6	7
長方形の面積（cm²）	4	8	12				

（2倍　3倍）

② 長方形の面積は，いつも，横の長さの何倍ですか。

答え（　　　　　）

覚えておこう

1個30円のあめの個数と代金の関係を調べます。

（2倍，3倍）

あめの個数（個）	1	2	3	4	5	6	7
代　金（円）	30	60	90	120	150	180	210

（2倍，3倍）

- 個数が2倍，3倍，…となると，代金も2倍，3倍，…となっています。
  このとき，代金は個数に**比例**するといいます。

3 1mが40円のリボンがあります。下の表はリボンの長さと代金を表したものです。

長さ○(m)	1	2	3	4	5	6	7	8	9
代金△(円)	40	80	120						

① 上の表のあいているらんに数を書き入れて表を完成させましょう。〔全部できて20点〕

② 次の文の□にあてはまる数字や言葉を書きましょう。〔全部できて20点〕

〔リボンの長さが2倍，3倍になると，代金も□倍，□倍になります。
このとき，代金はリボンの長さに□しているといえます。〕

③ 代金は，いつも，リボンの長さの何倍ですか。〔10点〕

答え（　　　　）

④ リボンの長さを○m，代金を△円とするとき，○と△の関係を式に表します。次の式の□にあてはまる数字を書きましょう。〔10点〕

△＝□×○

全部できたかな。まちがえた問題は，やり直してみよう。

とく点　　　点

比例 ②

月　　日　名前

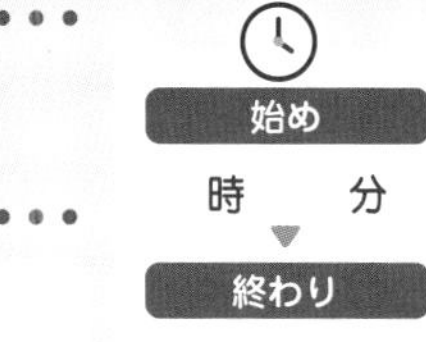

覚えておこう

● 2つの数量があり，一方が2倍，3倍，…になると，それにともなってもう一方も2倍，3倍，…になるとき，この2つの数量は**比例**するといいます。

1 下の表の2つの量は，どのように変化していきますか。表のあいているらんに，数を書き入れて表を完成させましょう。また，2つの量が比例するものには○，比例しないものには×を（　）にかきましょう。〔1問　全部できて10点〕

① 1分間に2Lずつ水を入れるときの，入れる時間とたまる水の量の関係

時　間(分)	1	2	3	4	5	6	…
水の量(L)	2	4	6				…

（　　）

② たん生日が同じ母と子の年れいの関係

母の年れい(才)	30	31	32	33	34	35	…
子の年れい(才)	2	3	4				…

（　　）

③ 1個80円のパンを買ったときの，パンの個数と代金の関係

個　数(個)	1	2	3	4	5	6	…
代　金(円)	80	160	240				…

（　　）

④ 24mのテープを何本か同じ長さに分けたときの，分けた本数と1本のテープの長さの関係

本　数(本)	1	2	3	4	5	6	…
テープの長さ(m)	24	12	8				…

（　　）

2 下の①～④の表は△が○に比例（ひれい）しています。表のあいているらんに数を書き入れて表を完成させましょう。また，○と△の関係を式に表しましょう。〔1問　全部できて15点〕

① 1本15円のえんぴつの本数○(本)と代金△(円)

本数○(本)	1	2	3	4	5	6	7	8	9
代金△(円)	15	30	45						

式　△＝ 15 ×○

② 正方形の1辺の長さ○(cm)とまわりの長さ△(cm)

1辺の長さ○(cm)	1	2	3	4	5	6	7	8	9
まわりの長さ△(cm)	4	8							

式　△＝ □ ×○

③ 1mの重さが18gのはり金の長さ○(m)と重さ△(g)

長さ○(m)	1	2	3	4	5	6	7	8	9
重さ△(g)	18	36							

式　△＝ □ ×○

④ 高さが5cmの平行四辺形の底辺の長さ○(cm)と面積△(cm^2)

底辺の長さ○(cm)	1	2	3	4	5	6	7	8	9
面積△(cm^2)									

式　△＝ □ ×○

答えを書き終わったら，見直しをして，まちがいをなくそう。

とく点　　点

割合とグラフ ①

月　日　名前

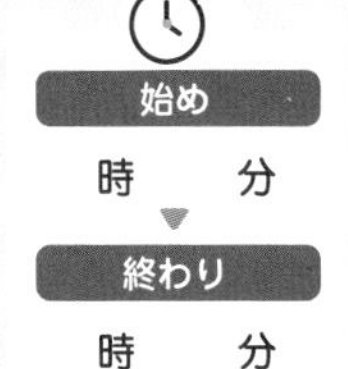

始め　時　分
終わり　時　分

覚えておこう

5年生4人，6年生6人

●全部の人数を1とみると，5年生の人数は0.4の割合にあたります。

くらべる量÷もとにする量＝割合

例　4（人）÷10（人）＝0.4

1 次の5年生と6年生をあわせた人数を1とみたとき，5年生と6年生のそれぞれの割合はいくつにあたりますか。計算して求めましょう。〔1問　両方できて4点〕

① 

5年生3人，6年生7人

・5年生の人数の割合…（3÷10＝　　）

・6年生の人数の割合…（7÷10＝　　）

② 

5年生3人，6年生2人

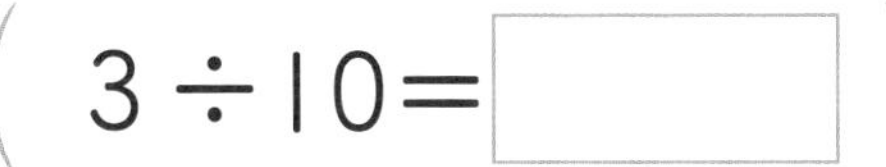

・5年生の人数の割合…（3÷5＝　　）

・6年生の人数の割合…（2÷5＝　　）

③ 

5年生1人，6年生4人

・5年生の人数の割合…（　　）

・6年生の人数の割合…（　　）

④ 

5年生1人，6年生3人

・5年生の人数の割合…（　　）

・6年生の人数の割合…（　　）

⑤ 

5年生6人，6年生9人

・5年生の人数の割合…（　　）

・6年生の人数の割合…（　　）

2 全体の人数を50人としたときの，次の人数の割合(わりあい)を求めましょう。 〔1問 4点〕

① 25人 式 25÷50＝ 答え（ ）

② 10人 式 答え（ ）

③ 5人 式 答え（ ）

④ 15人 式 答え（ ）

⑤ 8人 式 答え（ ）

⑥ 4人 式 答え（ ）

⑦ 2人 式 答え（ ）

⑧ 1人 式 答え（ ）

3 くだもの全体の重さは25kgです。それぞれのくだものの重さは全体の重さのどれだけの割合(わりあい)ですか。 〔1問 8点〕

① りんご
式 答え（ ）

② みかん
式 答え（ ）

③ バナナ
式 答え（ ）

全体25kg

りんご10kg みかん6kg バナナ9kg

4 リボン全体の長さは20cmです。ア，イ，ウのそれぞれの部分の長さは全体の長さのどれだけの割合(わりあい)ですか。 〔1問 8点〕

9cm 4cm 7cm
ア イ ウ

① アの部分 式 答え（ ）

② イの部分 式 答え（ ）

③ ウの部分 式 答え（ ）

答えを書き終わったら，見直しをして，まちがいをなくそう。

とく点 点

割合（わりあい）とグラフ ②

月　日　名前

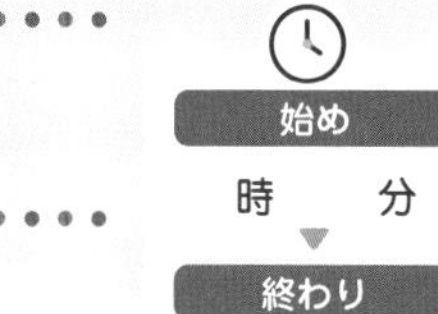

覚えておこう

● もとにする全体の量を100とみてパーセント(%)で表した割合（わりあい）を**百分率（ひゃくぶんりつ）**といいます。

(割合)	0.01	0.02	0.03……	0.1	0.11……	0.9……	1……
	↓	↓	↓	↓	↓	↓	↓
(百分率)	1%	2%	3%	10%	11%	90%	100%

1 次の小数や整数で表した割合（わりあい）を百分率（ひゃくぶんりつ）で表しましょう。〔1問　2点〕

① 0.04 （4%）　② 0.09 （　%）

③ 0.16 （　）　④ 0.45 （　）

⑤ 0.5 （　）　⑥ 1 （　）

⑦ 1.09 （　）　⑧ 2 （　）

⑨ 0.006 （　）　⑩ 0.807 （　）

2 次の百分率（ひゃくぶんりつ）で表した割合（わりあい）を小数や整数で表しましょう。〔1問　3点〕

① 3% （0.03）　② 9% （　）

③ 12% （　）　④ 60% （　）

⑤ 97% （　）　⑥ 100% （　）

⑦ 250% （　）　⑧ 307% （　）

⑨ 0.8% （　）　⑩ 60.2% （　）

覚えておこう

- 0.1を1割，0.01を1分，0.001を1厘とした割合の表し方を**歩合**といいます。

(割合) 0.001 0.002……0.01 0.02……0.1 0.2……

↓ ↓ ↓ ↓ ↓ ↓

(歩合) 1厘 2厘 1分 2分 1割 2割

例 0.123 → 1割2分3厘，0.405 → 4割5厘

3 次の小数や整数で表した割合を歩合で表しましょう。〔1問 2点〕

① 0.2 (2割)
② 0.8 (割)
③ 0.03 (分)
④ 0.005 (厘)
⑤ 0.486 ( )
⑥ 0.25 (割 分)
⑦ 0.75 ( )
⑧ 0.087 ( )
⑨ 0.804 ( )
⑩ 3 (割)

4 次の歩合で表した割合を小数や整数で表しましょう。〔1問 3点〕

① 6割 (0.6)
② 2割 ( )
③ 5分 ( )
④ 8厘 ( )
⑤ 3割7分5厘 ( )
⑥ 4割2分 ( )
⑦ 2割6分 ( )
⑧ 7分3厘 ( )
⑨ 8割5厘 ( )
⑩ 40割 ( )

この問題のほかにも，いろいろな小数で表した割合を百分率や歩合で表してみよう。

とく点 点

割合とグラフ ③

月　日　名前

1 下の**帯グラフ**は，学校の前を通った200台の乗り物について，種類別の台数の割合を表したものです。〔1問　5点〕

200台の乗り物の台数の割合

乗用車	トラック	自転車	バス

0　10　20　30　40　50　60　70　80　90　100%

① 乗用車は全体の何%ですか。（40%）

② トラックは全体の何%ですか。（　　）

③ 自転車は全体の何%ですか。（　　）

④ バスは全体の何%ですか。（　　）

⑤ 乗用車は自転車の何倍ですか。（　　）

⑥ バスはトラックの何分の一ですか。（　　）

2 下の帯グラフは，ある県の農作物の生産がくの割合を表したものです。〔1問　5点〕

農作物の生産がくの割合

米	野菜	麦るい	その他

0　10　20　30　40　50　60　70　80　90　100%

① 米は全体の何%ですか。（　　）

② 野菜は全体の何%ですか。（　　）

③ 麦るいは全体の何%ですか。（　　）

④ その他は全体の何%ですか。（　　）

⑤ 米は麦るいの何倍ですか。（　　）

⑥ 野菜は米の何分の一ですか。（　　）

3 下の帯グラフは，たかしさんの家の1か月の支出の割合を表したものです。

〔1問　4点〕

1か月の支出の割合

食費 | 住居費 | 光熱費 | ひ服費 | その他

0　10　20　30　40　50　60　70　80　90　100%

① 食費は全体の何％ですか。 （　　　）

② 住居費は全体の何％ですか。 （　　　）

③ 光熱費は全体の何％ですか。 （　　　）

④ ひ服費は全体の何％ですか。 （　　　）

⑤ 住居費は，ひ服費の何倍ですか。 （　　　）

4 下の帯グラフは，かずおさんが，1日の中で起きている時間の使い方を調べて，その割合を表したものです。

〔1問　4点〕

使った時間の割合

勉強 | 自由時間 | 食事 | 家の手伝い

0　10　20　30　40　50　60　70　80　90　100%

① 勉強する時間は全体の何％ですか。 （　　　）

② 自由時間は全体の何％ですか。 （　　　）

③ 家の手伝いをする時間は全体の何％ですか。 （　　　）

④ 食事をする時間は全体の何％ですか。 （　　　）

⑤ 家の手伝いをする時間は，自由時間の約何分の一ですか。 （　　　）

まちがえた問題は，やり直してどこでまちがえたのか，よくたしかめておこう。

とく点　　　点

割合（わりあい）とグラフ ④

月　日　名前

1 右の円（えん）グラフは，ある町の家ちく別の頭数の割合（わりあい）を表したものです。〔1問　5点〕

① 肉牛は全体の何％ですか。（ 60% ）

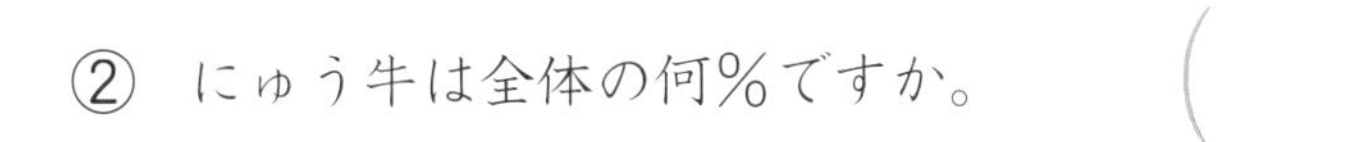

② にゅう牛は全体の何％ですか。（　　）

③ ぶたは全体の何％ですか。（　　）

④ その他は全体の何％ですか。（　　）

⑤ 肉牛は，ぶたの何倍ですか。（　　）

⑥ ぶたは，にゅう牛の何分の一ですか。（　　）

家ちく別の頭数の割合

100 0% 10 20 30 40 50 60 70 80 90

肉牛　にゅう牛　ぶた　その他

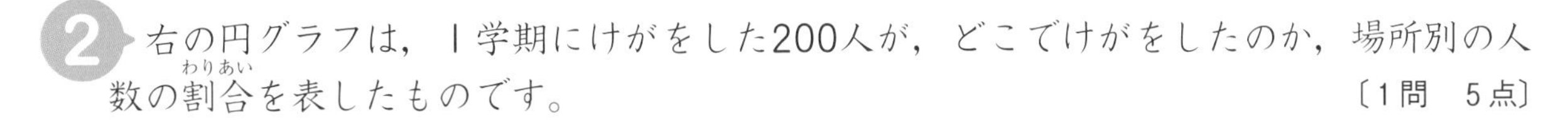

2 右の円グラフは，１学期にけがをした200人が，どこでけがをしたのか，場所別の人数の割合（わりあい）を表したものです。〔1問　5点〕

① 運動場は全体の何％ですか。（　　）

② ろう下は全体の何％ですか。（　　）

③ 教室は全体の何％ですか。（　　）

④ 体育館は全体の何％ですか。（　　）

⑤ ろう下は，体育館の何倍ですか。（　　）

⑥ 教室は，ろう下の何分の一ですか。（　　）

けがをした場所別の人数の割合

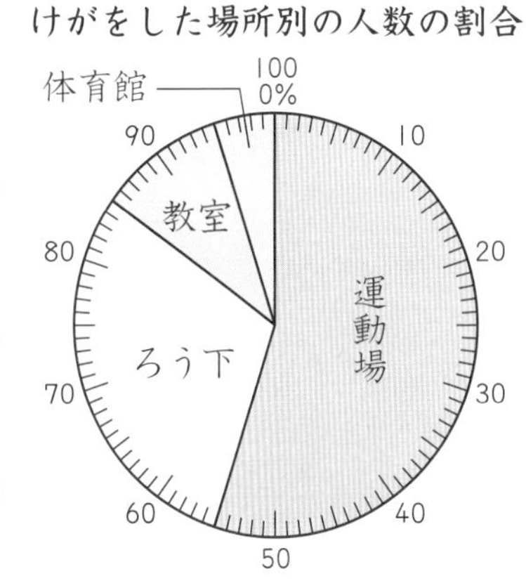

3 右の円グラフは，さくらさんの市のしょく業別の人数の割合を表したものです。

〔1問　4点〕

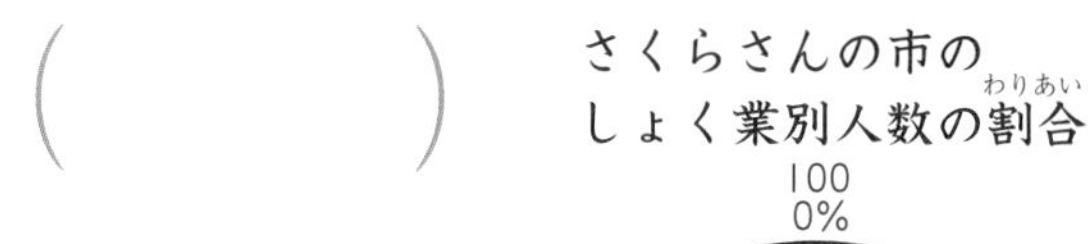

① 工業は全体の何%ですか。（　　　　）

② 商業は全体の何%ですか。（　　　　）

③ 農業は全体の何%ですか。（　　　　）

④ その他は全体の何%ですか。（　　　　）

⑤ 商業は，農業の約何倍ですか。（　　　　）

さくらさんの市の
しょく業別人数の割合

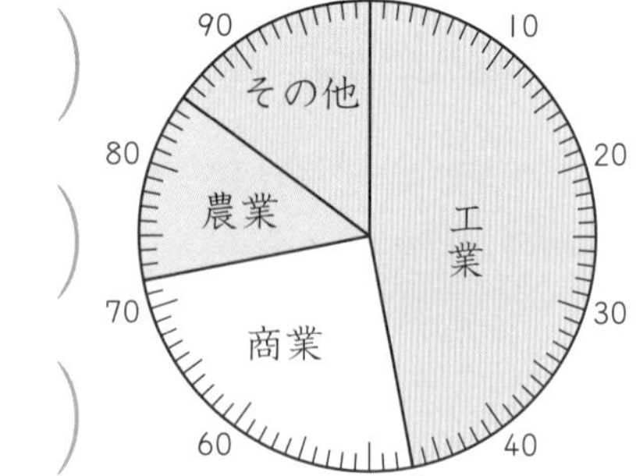

4 右の円グラフは，ある町の土地利用の割合を表したものです。　〔1問　4点〕

① 住たく地は全体の何%ですか。（　　　　）

② 農地は全体の何%ですか。（　　　　）

③ 道路は全体の何%ですか。（　　　　）

④ 工業地は全体の何%ですか。（　　　　）

⑤ 工業地は，住たく地の約何分の一ですか。（　　　　）

土地利用の割合

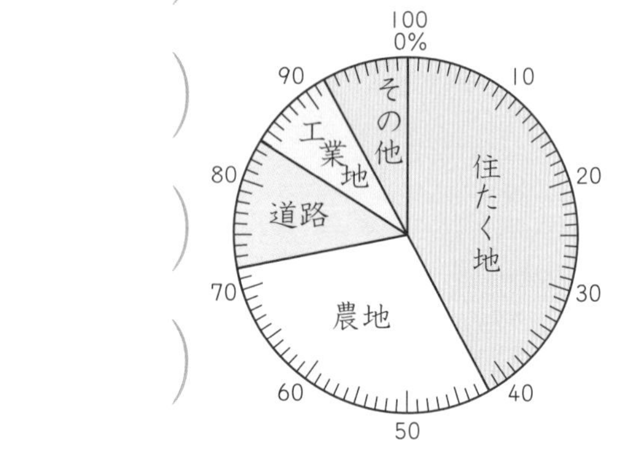

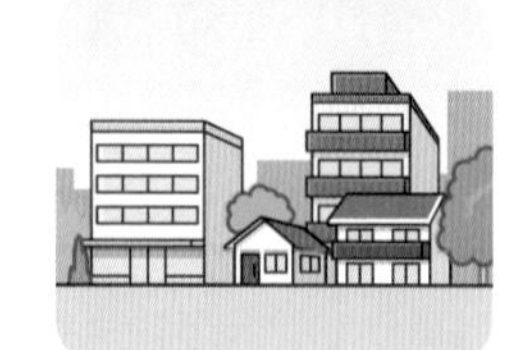

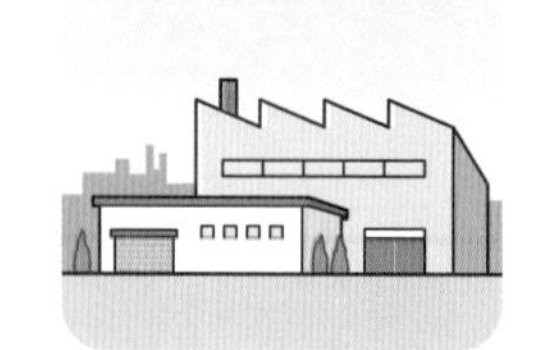

答えを書き終わったら，見直しをして，まちがいをなくそう。

とく点　　点

割合（わりあい）とグラフ ⑤

月　　日　名前

始め　時　分
終わり　時　分

1 右の表は，地区別の生徒数を表したものです。　〔1問　全部できて4点〕

① 下の式にあてはめて地区別の人数の百分率（ひゃくぶんりつ）を計算しましょう。

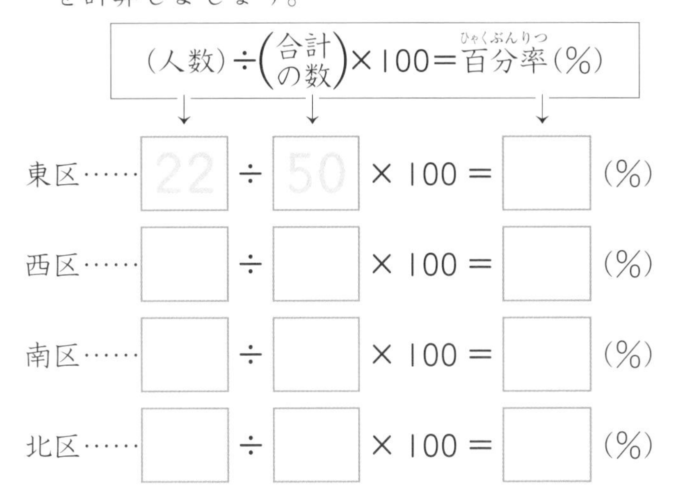

生徒数調べ

地区	人数（人）	百分率（ひゃくぶんりつ）（%）
東区	22	（　）
西区	13	（　）
南区	8	（　）
北区	7	（　）
合計	50	（　）

② それぞれのこうもくの百分率（ひゃくぶんりつ）の合計は何%になりますか。　（　）

③ 表の（　）に，計算した百分率（ひゃくぶんりつ）を書き入れましょう。

2 次の表で，こうもくごとの百分率（ひゃくぶんりつ）を計算して，表の（　）に書きましょう。百分率（ひゃくぶんりつ）は$\frac{1}{10}$の位を四捨五入（ししゃごにゅう）して整数で求めましょう。　〔1問　全部できて16点〕

① **利用した乗り物別の人数**

種　類	人数（人）	百分率（ひゃくぶんりつ）（%）
ジェットコースター	36	（ 45 ）
ゴーカート	24	（　）
メリーゴーラウンド	12	（　）
パラシュート	8	（　）
合　計	80	（　）

② **出身地別の人数**

都　県	人数（人）	百分率（ひゃくぶんりつ）（%）
東　京	22	（　）
埼（さい）玉（たま）	21	（　）
千　葉	13	（　）
神奈川（かながわ）	9	（　）
合　計	65	（　）

3 右の表は，けがをした場所別の人数を表したものです。〔1問　全部できて6点〕

① 下の□にあてはまる数を書いて，場所別の人数の百分率を計算しましょう。（百分率は$\frac{1}{10}$の位を四捨五入しましょう。）

運動場……□÷□×100＝□（%）

体育館……□÷□×100＝□（%）

ろう下……□÷□×100＝□（%）

教　室……□÷□×100＝□（%）

けがをした場所別の人数

場　所	人数(人)	百分率(%)
運動場	17	（　　）
体育館	14	（　　）
ろう下	5	（　　）
教　室	4	（　　）
合　計	40	（　　）

② それぞれの場所別の百分率の合計は何%になりますか。（　　）

覚えておこう

- 百分率の合計がちょうど100%にならないときは，計算した百分率のいちばん大きいところで1%ひいたり，たしたりして，ちょうど100%にします。

③ 百分率の合計を100%にするためには，どの場所の百分率をいくつにするとよいでしょうか。

（□の百分率を□%にする。）

④ 表の（　）に，百分率を書き入れましょう。

4 次の表で，こうもくごとの百分率を計算し，合計を100%にして，表の（　）に書きましょう。百分率は$\frac{1}{10}$の位を四捨五入して求めましょう。〔1問　全部できて16点〕

① たのんだ飲み物別の人数

飲み物	人数(人)	百分率(%)
コーヒー	29	（　　）
こう茶	21	（　　）
ジュース	17	（　　）
ココア	13	（　　）
合　計	80	（　　）

② 本の種類別かし出し人数

種　類	人数(人)	百分率(%)
童　話	142	（　　）
文　学	104	（　　）
科　学	62	（　　）
社　会	27	（　　）
ざっし	15	（　　）
合　計	350	（　　）

「覚えておこう」は，もう一度かくにんしておこう。

とく点　　点

割合とグラフ ⑥

始め　時　分
終わり　時　分

月　日　名前

1 次の表を帯グラフに表しましょう。　〔1問　10点〕

① **土地利用の割合**

山林	畑	田	その他
40%	30%	20%	10%

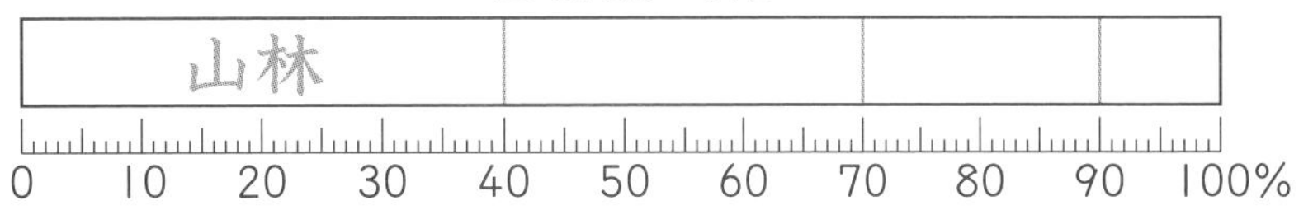

② **工業生産高の割合**

鉄こう	化　学	せんい	その他
55%	20%	17%	8%

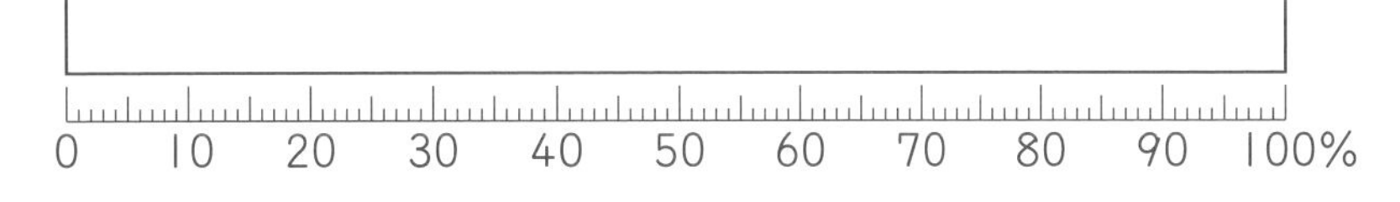

③ **ある豆の成分の割合**

種　類	百分率(%)
たんぱくしつ	43
炭水化物	35
水　分	11
ししつ	6
その他	5

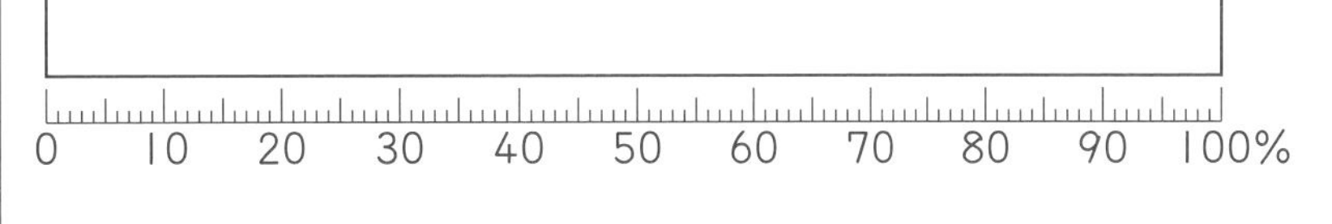

2 右の表は，めぐみさんの組の学級文庫の本の種類と，その数を表したものです。

〔1問　全部できて10点〕

① 種類ごとの百分率を計算して，右の表の(　)に書き入れましょう。(百分率は$\frac{1}{10}$の位を四捨五入し，合計を100%にしましょう。)

② 右の表を下の帯グラフに表しましょう。

学級文庫の本の割合

種　類	数(さつ)	百分率(%)
読み物	44	(　　)
社　会	38	(　　)
理　科	25	(　　)
その他	13	(　　)
合　計	120	(　　)

学級文庫の本の割合

0 10 20 30 40 50 60 70 80 90 100%

3 次の表を円グラフに表しましょう。

〔1問　10点〕

① 公園通りの乗り物の割合

乗用車	トラック	タクシー	その他
40%	30%	20%	10%

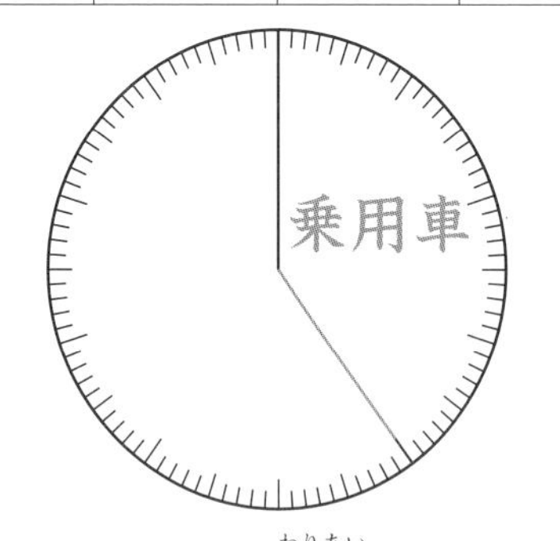

② 支出の割合

おやつ	文具	本	その他
65%	20%	12%	3%

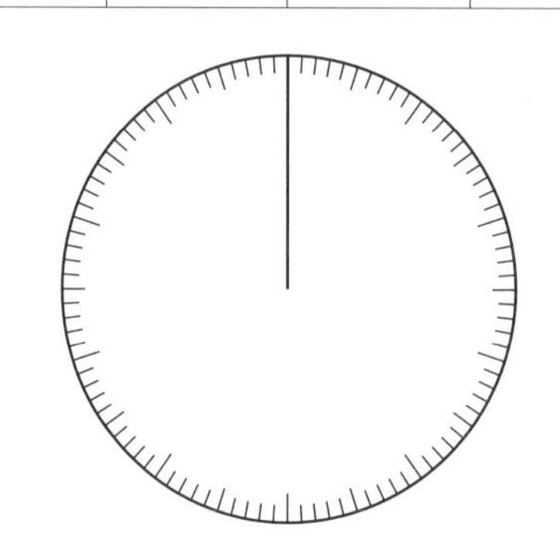

③ 輸出額の割合

種　類	百分率(%)
機　械	41
自動車	17
鉄こう	11
せいみつ機械	5
その他	26

輸出額の割合

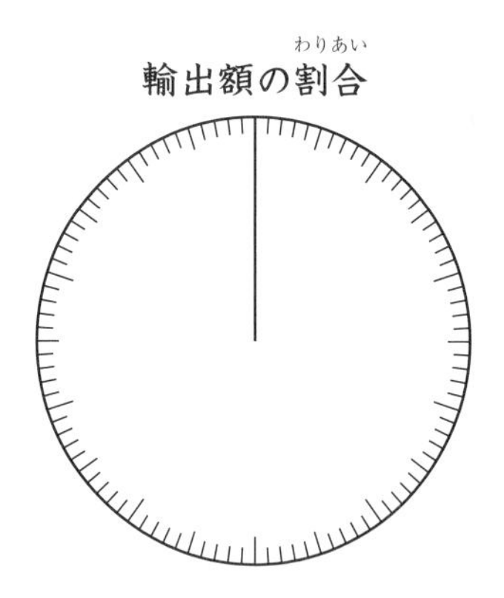

4 右の表は，のぼるさんの町の店の種類と，その数を表したものです。

〔1問　全部できて10点〕

① 種類ごとの百分率を計算して，右の表の(　)に書き入れましょう。(百分率は$\frac{1}{10}$の位を四捨五入し，合計を100%にしましょう。)

② 右の表を下の円グラフに表しましょう。

店の割合

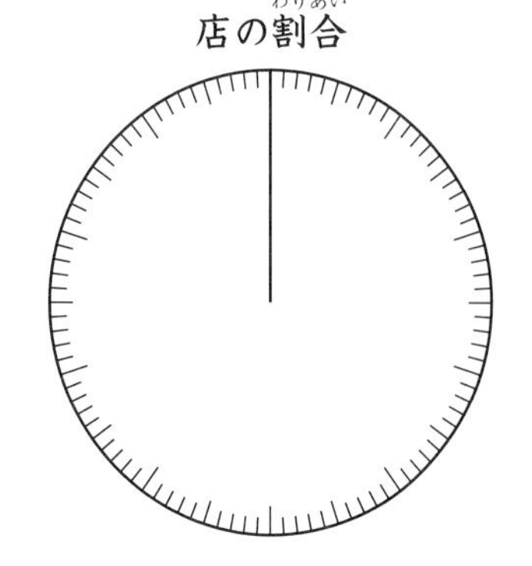

店の割合

種類	数(店)	百分率(%)
衣料品店	29	(　　)
食料品店	22	(　　)
電気せい品店	17	(　　)
家具店	3	(　　)
その他	19	(　　)
合計	90	(　　)

まちがえた問題は，もう一度やり直してみよう。
まちがいがなくなるよ。

点

割合(わりあい)とグラフ ⑦

月　日　名前

1 下のグラフは，ある家庭で，１か月にどんなことにお金を使っているか，20年前と現在をくらべて，百分率(ひゃくぶんりつ)で表したものです。次の問題に答えましょう。

〔1問　全部できて8点〕

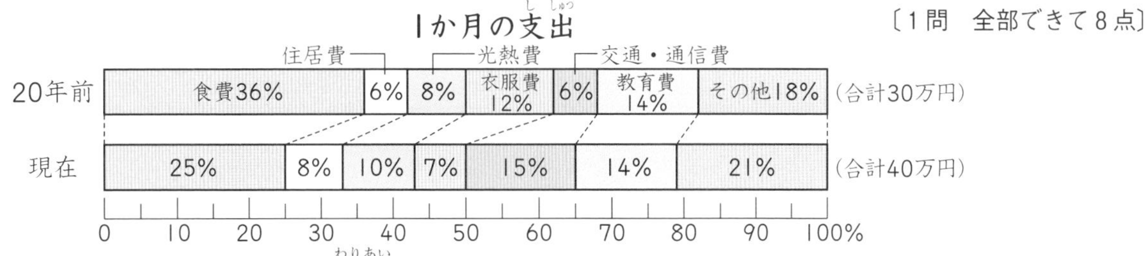

① 食費の全体に対する割合(わりあい)は，20年前は何％でしたか。また現在は何％ですか。

20年前（　　　　），現在（　　　　）

② 全体に対する割合(わりあい)が増えたものは何ですか。全部書きましょう。

（　　　　），（　　　　），（　　　　），（　　　　）

③ 全体に対する割合(わりあい)が減ったものは何ですか。全部書きましょう。

（　　　　），（　　　　）

2 下のグラフは，ある国の輸出品の種類と全体の輸出額に対する割合(わりあい)の変化を表したものです。次の問題に答えましょう。

〔1問　全部できて8点〕

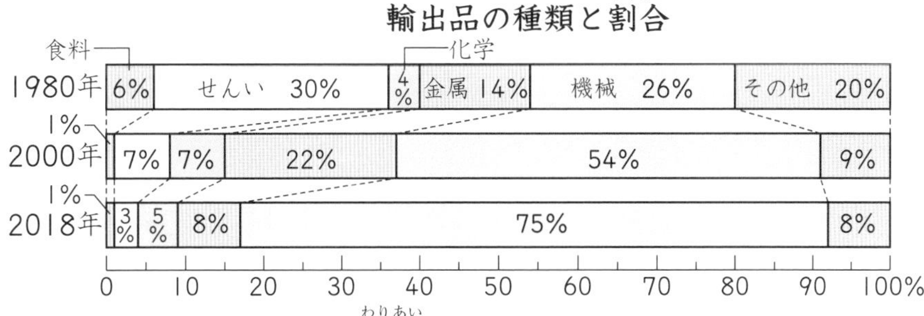

① 金属の全体に対する割合(わりあい)は，1980年では何％ですか。また，2000年，2018年では何％ですか。

1980年（　　　　），2000年（　　　　），2018年（　　　　）

② 1980年の割合(わりあい)が30％で，その後，割合(わりあい)が減っているものは何ですか。（　　　　）

③ 輸出の割合(わりあい)が大きく増えているものは何ですか。（　　　　）

3 右のグラフは，ある国でとれる石炭と輸入している石炭の使われ方を表したものです。次の問題に答えましょう。〔1問　6点〕

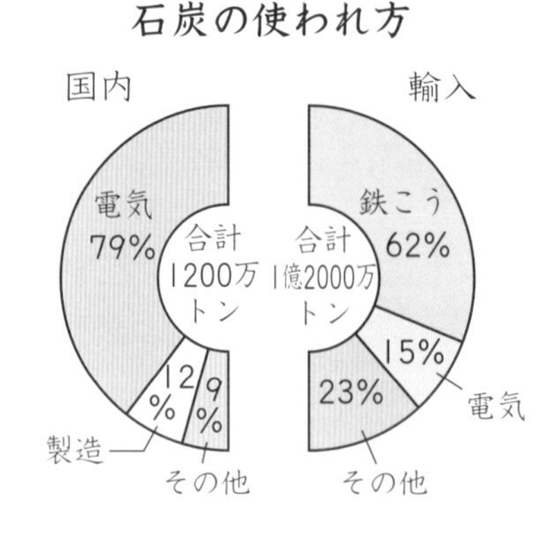

① 国内でとれる石炭の使われ方で，いちばん多いのは何ですか。

（　　　　　　）

② 輸入している石炭の使われ方で，いちばん多いのは何ですか。

（　　　　　　）

4 下のグラフは，6か国（A国～F国）の肉と魚の消費量を表したものです。次の問題に答えましょう。〔1問　全部できて10点〕

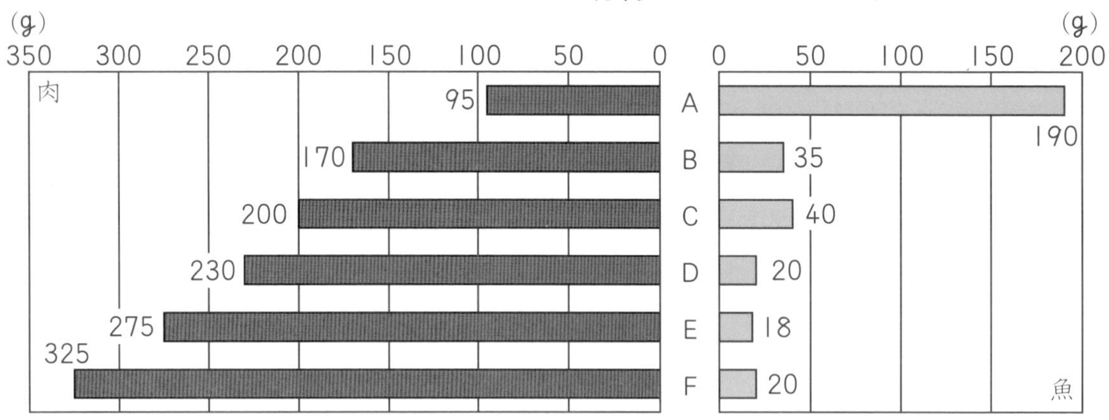

① 6つの国の中で，A国の肉と魚の消費量は，それぞれ多いほうから何番めですか。

肉（　　　　），魚（　　　　）

② 肉と魚をあわせた消費量がいちばん多い国はどこですか。また，1人1日何gですか。

国（　　　　），肉と魚をあわせた消費量（　　　　）

③ 肉の消費量が200gから，250gまでの国は何か国ありますか。

（　　　　）

④ 肉と魚をあわせた1人1日の消費量が200gから，250gまでの国は何か国ありますか。

（　　　　）

いろいろなグラフをさがして見てみよう。

とく点　　点

しんだんテスト ①

月　日　名前

始め
時　分
終わり
時　分

1 [2]，[3]，[4]の数字のカードを1回ずつ使って3けたの整数をつくります。

〔1問　4点〕

① できる偶数(ぐうすう)を全部書きましょう。

(　　　　)

② できる奇数(きすう)のうちで，いちばん小さい数を書きましょう。

(　　　　)

2 次の各組の最小公倍数を求め，□に書きましょう。

〔1問　4点〕

① (4，6) → □　　② (3，6) → □

③ (3，4) → □　　④ (6，8) → □

3 次の分数を約分しましょう。

〔1問　4点〕

① $\frac{8}{24}=$ ――　② $\frac{14}{35}=$ ――　③ $\frac{9}{12}=$ ――　④ $\frac{15}{60}=$ ――

4 右の図のように，平行四辺形を1本の対角線で分けると，合同な三角形が2つできます。その三角形は，どれとどれですか。

〔全部できて10点〕

(　　　　)
と
(　　　　)

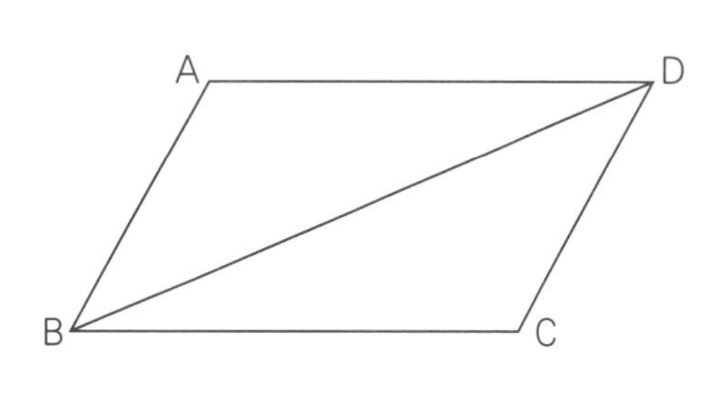

5 右の立体の体積を求めましょう。〔10点〕

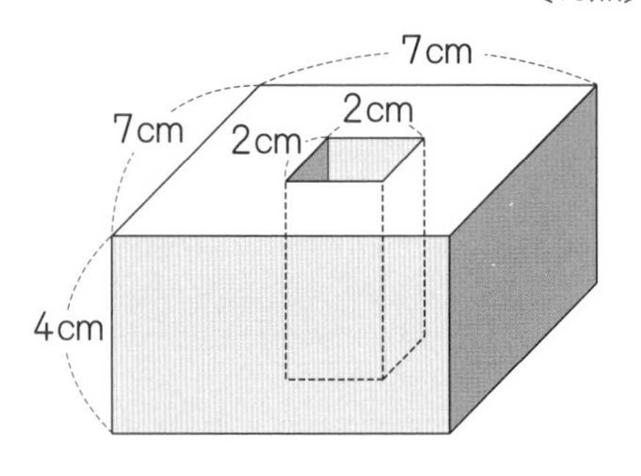

式

答え（　　　　）

6 次のような平行四辺形と三角形の面積を求めましょう。〔1問　10点〕

① 8cm 14cm

式

答え（　　　　）

② 12cm 16cm

式

答え（　　　　）

7 右の表は，ある食品の成分を表したものです。〔1問　全部できて10点〕

① この表のア，イのらんにあてはまる百分率(ひゃくぶんりつ)を書きましょう。($\frac{1}{10}$の位を四捨五入(ししゃごにゅう)し，合計を100%にしましょう。)

ある食品の成分

成　分	重さ(g)	百分率(ひゃくぶんりつ)(%)
炭水化物	71	ア（　　）
たんぱくしつ	47	29
ししつ	31	イ（　　）
その他	11	7
合　計	160	100

② この表を下の帯グラフに表しましょう。

ある食品の成分の割合(わりあい)

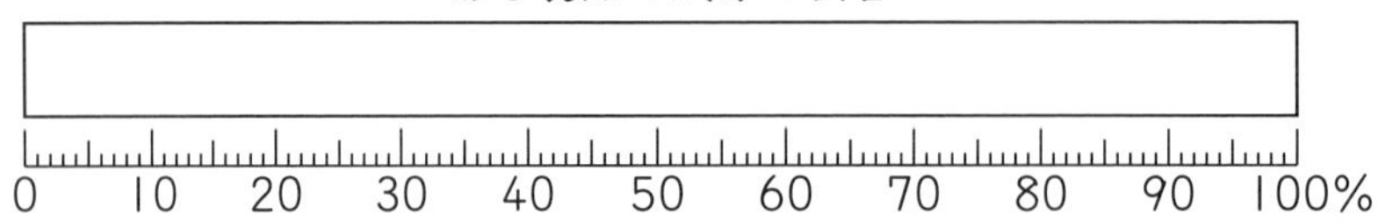

計算まちがいがないか，もう一度よくたしかめてみよう。

とく点　　点

しんだんテスト ②

月　日　名前

1 次の数を求めましょう。〔1問　4点〕

① 4.53を10倍した数 (　　)　② 32.07を100倍した数 (　　)

③ 65.3の$\frac{1}{10}$の数 (　　)　④ 132.3の$\frac{1}{100}$の数 (　　)

2 次の各組の最大公約数を求め，□に書きましょう。〔1問　4点〕

① (8，12) → □　② (15，45) → □

③ (12，18) → □　④ (16，24) → □

3 次の分数を通分しましょう。〔1問　4点〕

① $\left(\frac{3}{4}, \frac{5}{6}\right) =$ (　　,　　)　② $\left(\frac{7}{5}, \frac{5}{4}\right) =$ (　　,　　)

4 次の図のあの角の大きさを求めましょう。〔1問　4点〕

①
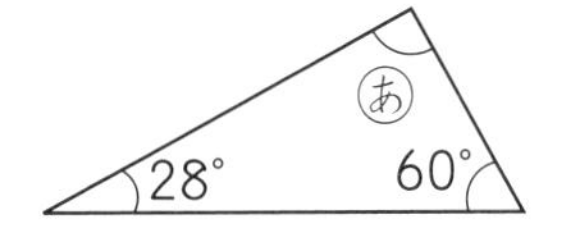

式

答え (　　)

②
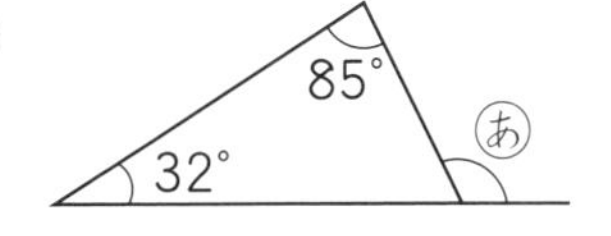

式

答え (　　)

③
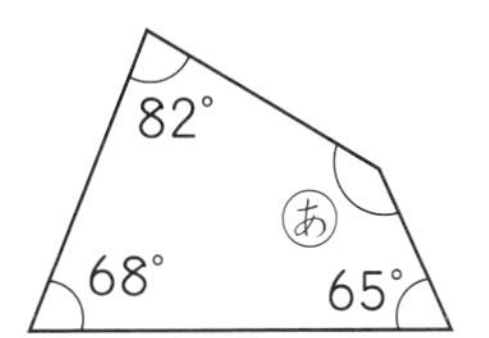

式

答え (　　)

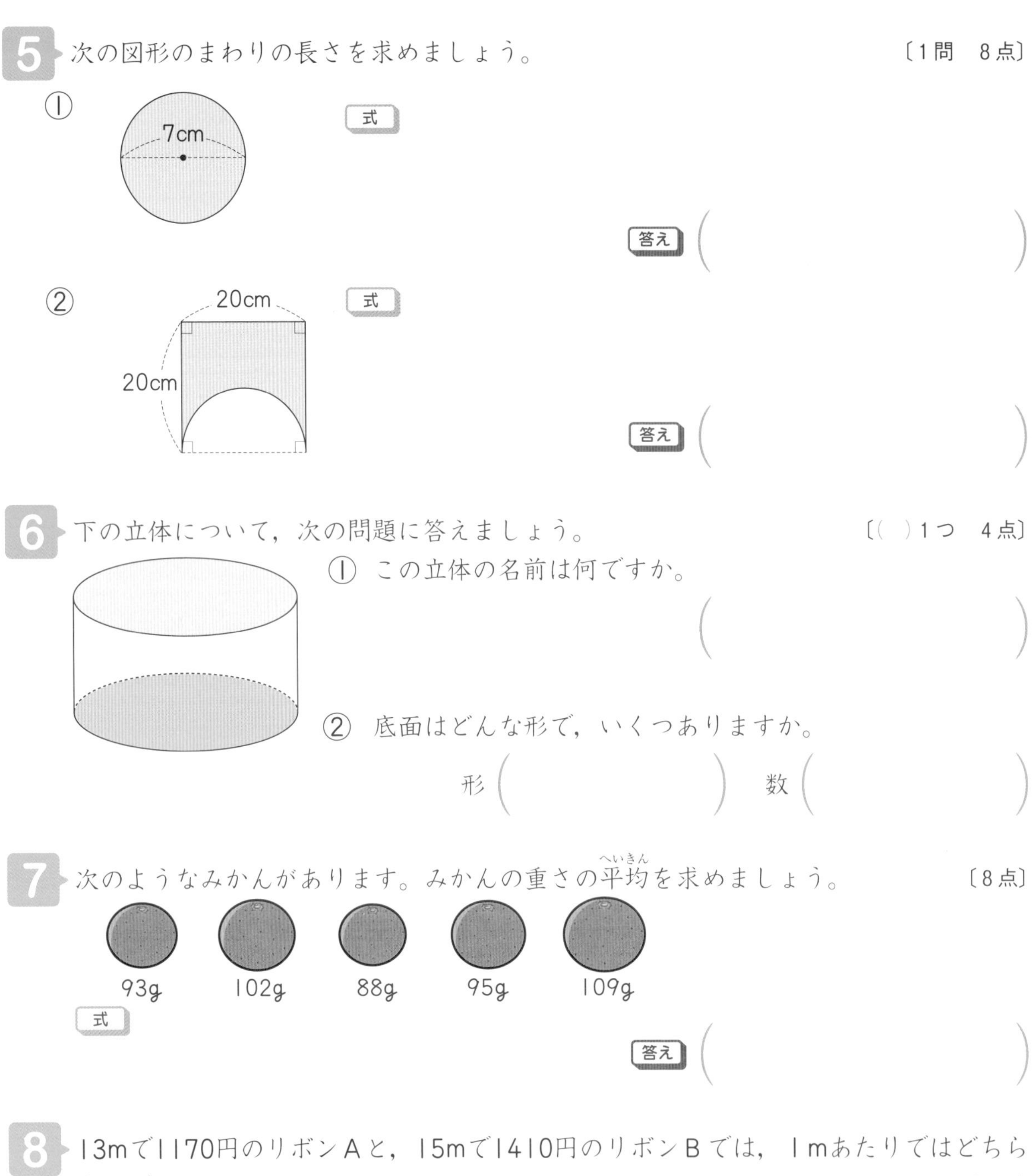

5 次の図形のまわりの長さを求めましょう。〔1問　8点〕

① 式

答え（　　　　　）

② 式

答え（　　　　　）

6 下の立体について，次の問題に答えましょう。〔（　）1つ　4点〕

① この立体の名前は何ですか。

（　　　　　）

② 底面はどんな形で，いくつありますか。

形（　　　　　）　数（　　　　　）

7 次のようなみかんがあります。みかんの重さの平均（へいきん）を求めましょう。〔8点〕

式

答え（　　　　　）

8 13mで1170円のリボンAと，15mで1410円のリボンBでは，1mあたりではどちらが高いですか。〔12点〕

式

答え（　　　　　）

これまでの学習のまとめだよ。まちがえた問題はよくふく習しておこう。

とく点　　　点

しんだんテスト ③

月　日　名前

1 次の数を，偶数(ぐうすう)と奇数(きすう)に分けて，下の（　）に書きましょう。〔全部できて５点〕

4，9，15，26，41，58，67，103，172，230

偶数(ぐうすう)（　　　　　　　　　　）

奇数(きすう)（　　　　　　　　　　）

2 次の各組の分数を通分して大きさをくらべ，大きいほうの分数を（　）に書きましょう。〔1問　5点〕

① $\left(\frac{5}{8}, \frac{7}{12}\right)$　（　　　　）　② $\left(\frac{6}{5}, \frac{5}{4}\right)$　（　　　　）

3 次の小数を分数になおしましょう。〔1問　5点〕

① 0.9=（　　　　）　② 0.27=（　　　　）

③ 1.7=（　　　　）　④ 2.03=（　　　　）

4 コンパスと分度器を使って，次の三角形と合同な三角形を□にかきましょう。〔10点〕

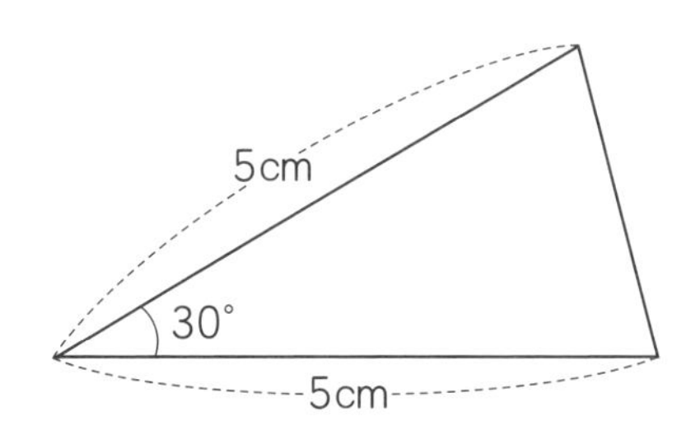

5 次のような台形の面積は何cm²ですか。 〔10点〕

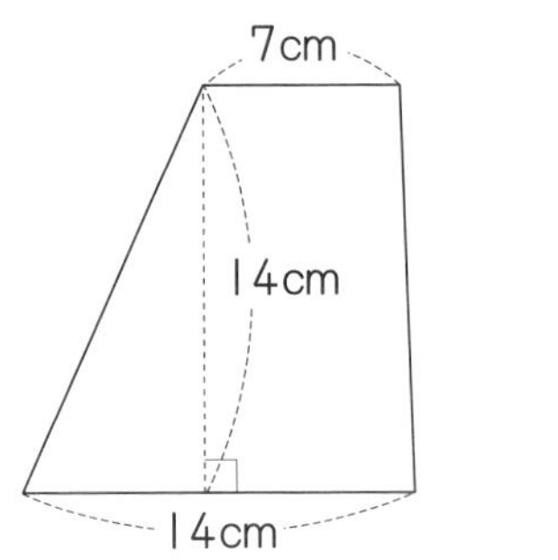

式

答え（　　　　）

6 次の□にあてはまる数を書きましょう。 〔1問　5点〕

① 1 m³ ＝ □ cm³

② 1 L ＝ □ cm³

③ 1 mL ＝ □ cm³

④ 1000L ＝ □ kL

7 正三角形の1辺の長さ○(cm)と周りの長さ△(cm)は比例(ひれい)しています。表のあいているらんに数を書き入れ，△と○の関係を式に表しましょう。 〔全部できて10点〕

1辺の長さ○(cm)	1	2	3	4	5	6	7	8	9
周りの長さ△(cm)	3								

式 △ ＝ □ × ○

8 右の円グラフは，ある食品の成分の割合(わりあい)を表したものです。 〔1問　5点〕

① ししつは全体の何%ですか。

（　　　　）

② たんぱくしつは全体の何%ですか。

（　　　　）

③ ししつはたんぱくしつの約何倍ですか。

（　　　　）

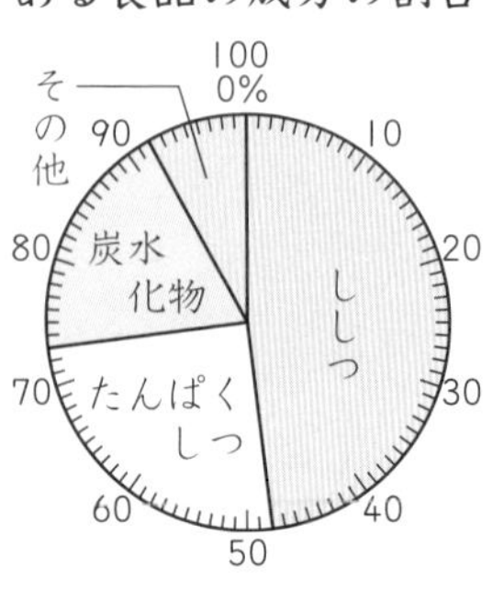

計算まちがいがないか，もう一度よくたしかめよう。

とく点　　点

しんだんテスト ④

月　　日　名前

1 次の□にあてはまる小数を書きましょう。　〔1問　4点〕

① 45cm ＝ □ m　　② 7cm ＝ □ m

③ 600m ＝ □ km　　④ 2011m ＝ □ km

2 次の分数を小数になおしましょう。　〔1問　4点〕

① $\frac{3}{5}$＝(　　)　　② $\frac{1}{4}$＝(　　)

③ $\frac{5}{2}$＝(　　)　　④ $\frac{3}{8}$＝(　　)

3 次の割合(わりあい)を小数で表しましょう。　〔1問　4点〕

① 12%＝(　　)　　② 250%＝(　　)

③ 3割(わり)5分＝(　　)　　④ 22割(わり)＝(　　)

4 次の図の□の部分の面積は何cm²ですか。　〔8点〕

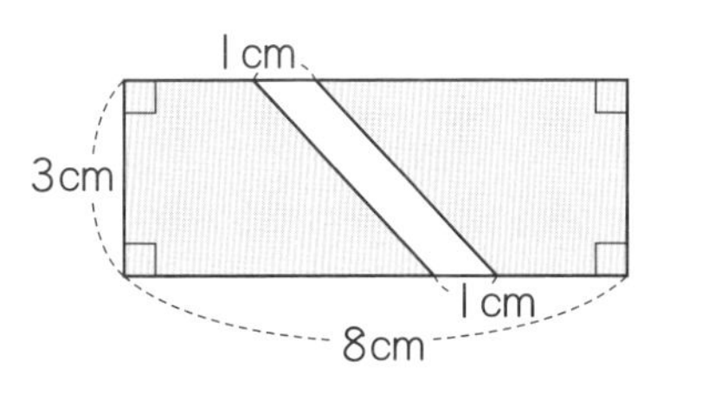

式

答え (　　)

5 時速42kmで走る自動車があります。この自動車の速さは分速何mですか。　〔8点〕

式

答え (　　)

6 次の図の㋐の角の大きさを求めましょう。〔1問　8点〕

①
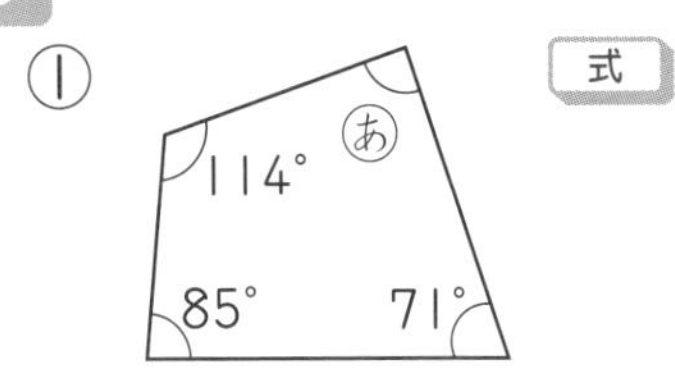

式

答え（　　　　）

②
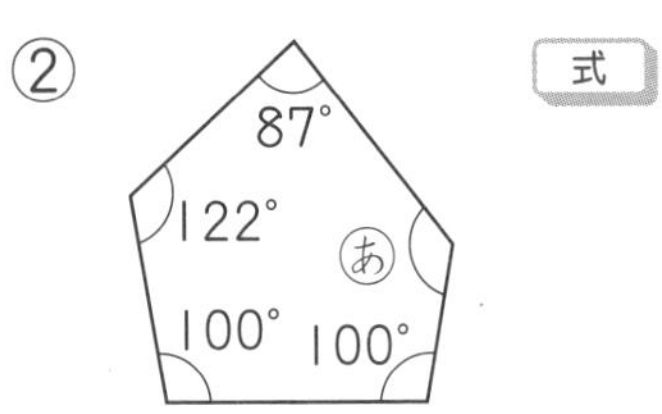

式

答え（　　　　）

7 次のてん開図を組み立ててできる形の見取図をかきましょう。〔4点〕

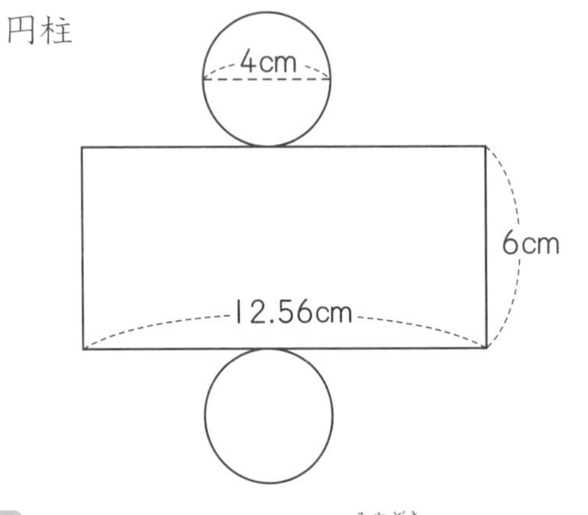

8 下の表は，青森県と宮崎(みやざき)県の面積と人口を表したものです。〔1問　8点〕

面積と人口(2018年)

	面積(km²)	人口(万人)
青森県	9607	126
宮崎(みやざき)県	7735	108

それぞれの人口密度(みつど)を，四捨五入(ししゃごにゅう)して整数で求めましょう。

①（青森県）式

答え（　　　　）

②（宮崎(みやざき)県）式

答え（　　　　）

最後までよくがんばったね。答えを書き終わったら，見直しをしよう。

とく点　　点

5年生　数・量・図形

※〔　〕は，ほかの答え方です。

1　4年生のふく習　①　1・2ページ

1 ①61539050000　②820021021000000

2 ①$2\frac{1}{4}$　②3

3 ①48　②2.07　③0.088

4 8×6＋3×4＝60　答え 60m²

〔または，8×(6＋4)－2×4－3×4＝60，
3×(6＋4)＋2×6＋3×6＝60〕

5 45－30＝15　答え 15°

6 ①あ，い，え，お　②あ，い

7 ①横 6 cm，たて 0 cm，高さ 3 cm
②横 6 cm，たて 5 cm，高さ 3 cm
③横 6 cm，たて 5 cm，高さ 0 cm
④横 0 cm，たて 5 cm，高さ 0 cm

2　4年生のふく習　②　3・4ページ

1 二千九百五兆二百一億

2 ①30000　②21000

3 $\frac{5}{6}$，$\frac{5}{7}$，$\frac{5}{8}$，$\frac{5}{9}$

4 ①39.8　②6.51　③259

5 ①100　②10000　③1000000

6 ①70°　②145°

7 〈答えの例〉

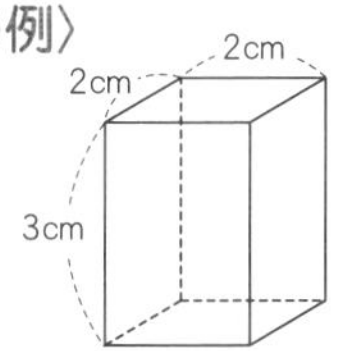

8 ①2014年　②2018年

3　偶数と奇数　5・6ページ

1 ①6，8，10　②7，9

2 ①奇数　②偶数　③偶数　④奇数　⑤奇数
⑥奇数　⑦奇数　⑧偶数　⑨偶数　⑩偶数
⑪奇数　⑫偶数

3 ①12，14，16，18，20，22，24，26，28，30
②11，13，15，17，19，21，23，25，27，29

4 (46)，53，(68)，71，87，(96)，(104)，113，(126)，135，147，(156)，(160)，177，189，(196)

5 (43)，58，(69)，76，84，(91)，108，(117)，128，134，(145)，(151)，166，(179)，182，(199)

6 (偶数) 36，126，180，252，300，78，98，112，136，284，176，184
(奇数) 43，193，83，67，145，321，267，365，243

7 ①132，312　②123，213，231，321

8 423

とき方

7 ①偶数なので一の位の数字は2です。
②奇数なので一の位の数字は1か3です。

4　整数と小数　①　7・8ページ

1 ①7　②6　③十，5　④一，4
⑤3　⑥0.01，2　⑦0.001，1

2 ①3，4，0，6　②5277　③9990

3 ①2，3，4，5　②4，3，6，7

③1，5，0，8，9　④1，9，6，1，8

⑤2，0，2，7，8，9　⑥15.08

⑦527.49　⑧4068.07

4 ①97.531　②13.579

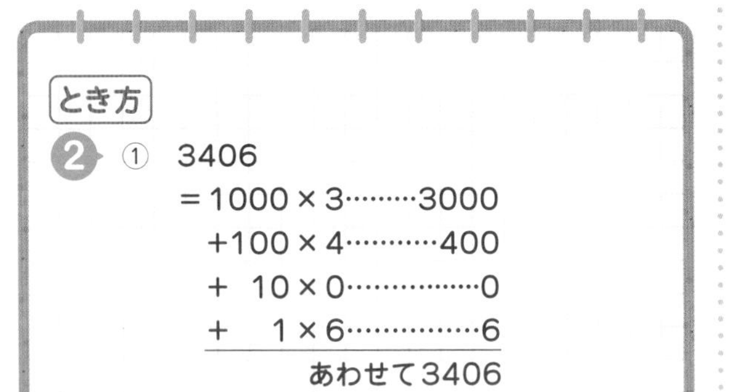

とき方

2 ①　3406

$$
\begin{aligned}
&=1000\times3\cdots\cdots3000\\
&\ \ +100\times4\cdots\cdots400\\
&\ \ +\ \ 10\times0\cdots\cdots0\\
&\ \ +\ \ \ \ 1\times6\cdots\cdots6\\
\end{aligned}
$$

あわせて3406

とき方

2 ⑨　1000倍すると，小数点は右へ3けたうつります。

5 ⑦　$\frac{1}{1000}$にすると，小数点は左へ3けたうつります。

5　整数と小数　②　9・10ページ

1 ①20，20　②2，2　③0.2，0.2

2 ①20，20　②2，2

3 ①3　②0.3　③9　④0.5　⑤40

⑥4　⑦70　⑧8

4 ①2，2　②0.2，0.2　③0.02，0.02

5 ①0.02，0.02　②0.002，0.002

6 ①0.4　②0.04　③0.7　④0.06

⑤0.03　⑥0.003　⑦0.08　⑧0.005

6　整数と小数　③　11・12ページ

1 ①32.6，1　②326，2

2 ①4　②42　③25.7　④463.2

⑤70　⑥32　⑦247　⑧1824

⑨600　⑩41050

3 ①10　②100

4 ①3.26，1　②0.326，2

5 ①3.2　②0.24　③6.32　④4.63

⑤0.158　⑥0.075　⑦0.239　⑧0.0487

6 ①$\frac{1}{10}$　②$\frac{1}{100}$

7 3265，32650，32.65，3.265

7　整数と小数　④　13・14ページ

1 ①2　②3　③0.3　④0.03

⑤0.05　⑥0.35　⑦0.46　⑧1.35

⑨1.28

2 ①0.4　②0.04　③0.08　④0.17

⑤0.65　⑥1.25　⑦1.1　⑧1.01

⑨2.45　⑩3.08

3 ①3　②0.3　③0.03

④0.003　⑤0.354　⑥0.065

⑦1.45　⑧2.387

4 ①0.6　②0.15　③0.04

④0.008　⑤0.275　⑥0.036

⑦1.48　⑧2.306

5 ①0.5　②0.03　③0.725

④0.064　⑤1.82　⑥2.905

8　倍数と約数　①　15・16ページ

1 3，6，9，12，15，18

2 ①2，4，6，8，10

②4，8，12，16，20

③5，10，15，20，25

④6，12，18，24，30

3 7，14，21，28

4 8，16，24

5 9，18，27

6 16，17，(18)，19，20，(21)，22，23，(24)，25，26，(27)

7 34, ⑮, ㊽, 29, 11, ㊱, 28, 41, ⑤①, ⑫, 44, ⑥⑥

8 ㉔, ㉜, 35, ㊱, 38, ㊵, 42, ㊹, 46, ㊽, 50, ⑤②

9 32, ㉟, 38, ㊵, 42, ㊺, 48, ㊿, 52, ⑤⑤, ⑥⓪

10 10

11 16

12 33

13 12

9 倍数と約数 ②

17・18 ページ

1 16, 20, 24, 28, 32, 36

2 18, 24, 30, 36, 42, 48, 54

3 18, 27, 36, 45, 54

4 12, 24, 36, 48, 60

5 18, 36, 54, 72

6 8, 16, 24, 32

7 ①18
②8

8 ①24 ②12
③6 ④12

9 ①(6), (6), 18
②(18), (18), 18
③(9), (9), 18

10 ①24 ②60
③36 ④24

ポイント

公倍数を求めるときは，大きい数の倍数の中から小さい数の倍数をみつけます。

とき方

5 9の倍数の中から，6の倍数をみつけます。
9の倍数 9, ⑱, 27, ㊱, 45, ㊹, 63, ⑦②, 81, …

10 倍数と約数 ③

19・20 ページ

1 ①1, 2 ②1, 3
③1, 2, 4 ④1, 5
⑤1, 2, 3, 6 ⑥1, 7
⑦1, 2, 4, 8 ⑧1, 3, 9
⑨1, 2, 5, 10 ⑩1, 2, 3, 4, 6, 12

2 ①6 ②6
③6

3 ①5 ②6
③10

4 ①6 ②10

5 ①4 ②6
③6 ④8
⑤10 ⑥8

ポイント

公約数を求めるときは，小さい数の約数の中から大きい数の約数をみつけます。

とき方

1 約数は，1，2，3，…と小さい数から順にわってみつけていきます。1と，もとの整数も約数に入れます。

5 ① 8の約数の中から，12の約数をみつけます。
8の約数 ①, ②, ④, 8

11 倍数と約数 ④

21・22 ページ

1 ①6 ②15
③12 ④9
⑤24 ⑥18
⑦36 ⑧45
⑨72 ⑩80

2 ①12 ②60
③18 ④24
⑤30 ⑥24

3 ①2 ②4
③3 ④6
⑤3 ⑥7
⑦9 ⑧5
⑨6 ⑩6
⑪8 ⑫7
⑬5 ⑭2
⑮10 ⑯12
⑰15 ⑱20
⑲18 ⑳60

12 分 数 ①

23・24 ページ

1 ①1，2，6
②1，2，9
③1，2，12

2 ①2 ②2 ③1
④1 ⑤1

3 ①1 ②2 ③3
④1 ⑤2 ⑥3
⑦1 ⑧2 ⑨3
⑩1 ⑪2 ⑫3
⑬1 ⑭2 ⑮3
⑯3 ⑰5 ⑱8
⑲1 ⑳3

ポイント

分母と分子を同じ数でわっても，分数の大きさは変わりません。

$\frac{●}{■} = \frac{●÷▲}{■÷▲}$

13 分 数 ②

25・26 ページ

1 ① $\frac{1}{3}$ ② $\frac{1}{4}$ ③ $\frac{1}{6}$
④ $\frac{1}{3}$ ⑤ $\frac{1}{4}$ ⑥ $\frac{3}{4}$
⑦ $\frac{1}{2}$ ⑧ $\frac{1}{4}$ ⑨ $\frac{3}{5}$
⑩ $\frac{1}{2}$ ⑪ $\frac{1}{3}$ ⑫ $\frac{4}{5}$
⑬ $\frac{1}{2}$ ⑭ $\frac{1}{3}$ ⑮ $\frac{4}{5}$
⑯ $\frac{1}{2}$ ⑰ $\frac{2}{3}$ ⑱ $\frac{4}{5}$
⑲ $\frac{1}{2}$ ⑳ $\frac{1}{3}$ ㉑ $\frac{4}{5}$
㉒ $\frac{1}{2}$ ㉓ $\frac{5}{4}$ ㉔ $\frac{4}{3}$
㉕ $\frac{5}{3}$ ㉖ $\frac{4}{3}$ ㉗ $\frac{5}{3}$
㉘ $3\frac{11}{12}$ ㉙ $\frac{1}{4}$ ㉚ $\frac{1}{3}$

2 ①2 ②3 ③4
④2 ⑤4 ⑥6
⑦2 ⑧6 ⑨9
⑩2 ⑪6 ⑫16
⑬2 ⑭15 ⑮2
⑯6 ⑰2 $\frac{8}{28}$ ⑱10
⑲12 ⑳1 $\frac{16}{36}$

ポイント

分母と分子に同じ数をかけても，分数の大きさは変わりません。

$\frac{●}{■} = \frac{●×▲}{■×▲}$

14 分　数 ③

27・28 ページ

1

① $\left(\frac{3}{12}, \frac{8}{12}\right)$　② $\left(\frac{4}{12}, \frac{9}{12}\right)$

③ $\left(\frac{5}{20}, \frac{8}{20}\right)$　④ $\left(\frac{12}{30}, \frac{5}{30}\right)$

⑤ $\left(\frac{9}{12}, \frac{10}{12}\right)$　⑥ $\left(\frac{3}{18}, \frac{4}{18}\right)$

⑦ $\left(\frac{9}{24}, \frac{10}{24}\right)$　⑧ $\left(\frac{9}{15}, \frac{7}{15}\right)$

⑨ $\left(\frac{9}{6}, \frac{8}{6}\right)$　⑩ $\left(\frac{28}{20}, \frac{25}{20}\right)$

⑪ $\left(1\frac{8}{12}, 1\frac{7}{12}\right)$　⑫ $\left(1\frac{4}{24}, 1\frac{3}{24}\right)$

2

① $\frac{2}{3}$ $\left(\frac{1}{2}=\frac{3}{6}, \frac{2}{3}=\frac{4}{6}\right)$

② $\frac{3}{4}$ $\left(\frac{2}{3}=\frac{8}{12}, \frac{3}{4}=\frac{9}{12}\right)$

③ $\frac{4}{5}$ $\left(\frac{3}{4}=\frac{15}{20}, \frac{4}{5}=\frac{16}{20}\right)$

④ $\frac{7}{8}$ $\left(\frac{6}{7}=\frac{48}{56}, \frac{7}{8}=\frac{49}{56}\right)$

⑤ $\frac{3}{5}$ $\left(\frac{3}{5}=\frac{6}{10}, \frac{1}{2}=\frac{5}{10}\right)$

⑥ $\frac{4}{9}$ $\left(\frac{1}{3}=\frac{3}{9}\right)$

⑦ $\frac{3}{4}$ $\left(\frac{3}{4}=\frac{9}{12}\right)$

⑧ $\frac{11}{15}$ $\left(\frac{3}{5}=\frac{9}{15}\right)$

⑨ $\frac{5}{8}$ $\left(\frac{5}{8}=\frac{15}{24}, \frac{7}{12}=\frac{14}{24}\right)$

⑩ $\frac{8}{9}$ $\left(\frac{8}{9}=\frac{16}{18}, \frac{5}{6}=\frac{15}{18}\right)$

⑪ $\frac{3}{2}$ $\left(\frac{3}{2}=\frac{9}{6}, \frac{4}{3}=\frac{8}{6}\right)$

⑫ $\frac{5}{4}$ $\left(\frac{6}{5}=\frac{24}{20}, \frac{5}{4}=\frac{25}{20}\right)$

⑬ $1\frac{3}{4}$ $\left(1\frac{2}{3}=1\frac{8}{12}, 1\frac{3}{4}=1\frac{9}{12}\right)$

⑭ $2\frac{4}{5}$ $\left(2\frac{4}{5}=2\frac{16}{20}, 2\frac{3}{4}=2\frac{15}{20}\right)$

⑮ $1\frac{3}{7}$ $\left(1\frac{3}{7}=1\frac{24}{56}, \frac{11}{8}=1\frac{3}{8}=1\frac{21}{56}\right)$

⑯ $1\frac{5}{6}$ $\left(\frac{9}{5}=1\frac{4}{5}=1\frac{24}{30}, 1\frac{5}{6}=1\frac{25}{30}\right)$

15 分数と小数 ①

29・30 ページ

1

㋑ $\frac{2}{3}$　㋒(左から) $\frac{2}{4}$, $\frac{3}{4}$　㋓ $\frac{3}{5}$　㋔ $\frac{2}{6}$, $\frac{4}{6}$

㋕ $\frac{1}{7}$, $\frac{6}{7}$　㋖ $\frac{2}{8}$, $\frac{4}{8}$, $\frac{6}{8}$　㋗ $\frac{3}{9}$, $\frac{6}{9}$

㋘ $\frac{4}{10}$, $\frac{8}{10}$

2 ① $\frac{2}{4}$, $\frac{3}{6}$, $\frac{4}{8}$, $\frac{5}{10}$　② $\frac{2}{6}$, $\frac{3}{9}$　③ $\frac{2}{3}$, $\frac{4}{6}$

3 ① $\frac{3}{4}$　② $\frac{2}{3}$

4 ① $\frac{4}{5}$, $\frac{3}{5}$, $\frac{2}{5}$, $\frac{1}{5}$　② $\frac{3}{4}$, $\frac{3}{7}$, $\frac{3}{8}$, $\frac{3}{9}$

5 ① $\frac{2}{8}$, $\frac{5}{8}$, $\frac{9}{8}$, $\frac{11}{8}$　② $\frac{4}{9}$, $\frac{4}{7}$, $\frac{4}{5}$, $\frac{4}{3}$

③ $\frac{3}{6}$, $\frac{5}{6}$, $\frac{6}{6}$, $\frac{7}{6}$

16 分数と小数 ②

31・32 ページ

1

① $\frac{3}{4}$　② $\frac{5}{7}$　③ $\frac{1}{3}$　④ $\frac{7}{11}$　⑤ $\frac{4}{9}$

⑥ $\frac{9}{10}$　⑦ $\frac{7}{8}$　⑧ $\frac{3}{7}$　⑨ $\frac{5}{12}$　⑩ $\frac{9}{14}$

⑪ $\frac{5}{4}$　⑫ $\frac{7}{3}$　⑬ $\frac{10}{7}$　⑭ $\frac{9}{4}$　⑮ $\frac{11}{6}$

⑯ $\frac{6}{5}$　⑰ $\frac{12}{7}$　⑱ $\frac{15}{8}$

2 ①5　②1　③7　④9

3

①0.4　②0.6

③0.8　④1.2

⑤0.75　⑥1.25

⑦1.5　⑧2.5

⑨0.875　⑩1.125

⑪0.1　⑫1.7

⑬0.25　⑭0.125

⑮0.0625　⑯0.3125

ポイント

- **わり算の商は，わる数が分母，わられる数が分子になります。**　●÷■＝$\frac{●}{■}$
- **分数を小数で表すには，分子を分母でわります。**

17 分数と小数 ③

33・34 ページ

1 ① $\frac{3}{10}$　② $\frac{7}{10}$　③ $\frac{9}{10}$　④ $\frac{4}{10}$　⑤ $\frac{5}{10}$

⑥ $\frac{11}{10}$　⑦ $\frac{13}{10}$　⑧ $\frac{18}{10}$　⑨ $\frac{27}{10}$　⑩ $\frac{39}{10}$

⑪ $\frac{3}{100}$　⑫ $\frac{7}{100}$　⑬ $\frac{9}{100}$　⑭ $\frac{8}{100}$　⑮ $\frac{13}{100}$

⑯ $\frac{27}{100}$　⑰ $\frac{35}{100}$　⑱ $\frac{113}{100}$　⑲ $\frac{223}{100}$　⑳ $\frac{107}{100}$

2 ① $\frac{3}{10}$　② $\frac{15}{10}$　③ $\frac{71}{100}$　④ $\frac{249}{100}$

⑤ $\frac{101}{100}$　⑥0.9　⑦0.8　⑧1.5

⑨0.35　⑩0.37

3 ①>　②<　③>

④>　⑤<　⑥>

4 $\frac{9}{5}$，1.6，$1\frac{1}{2}$，$\frac{3}{4}$，0.7

18 角の大きさ ①

35・36 ページ

1 ①180−(80＋40)＝60　答え 60°

②180−(30＋20)＝130　答え 130°

③180−(65＋55)＝60　答え 60°

④180−(45＋15)＝120　答え 120°

⑤180−(80＋68)＝32　答え 32°

⑥180−(65＋88)＝27　答え 27°

⑦180−(43＋32)＝105　答え 105°

⑧180−(122＋27)＝31　答え 31°

2 ①180−(90＋40)＝50　答え 50°

②180−50×2＝80　答え 80°

③180÷3＝60　答え 60°

④(180−20)÷2＝80　答え 80°

3 ①180−70＝110，180−(30＋110)＝40

答え 40°

②180−(85＋65)＝30，180−30＝150

答え 150°

③180−110＝70，180−105＝75，

180−(70＋75)＝35　答え 35°

④180−95＝85，180−(40＋85)＝55，

180−55＝125　答え 125°

⑤180−90＝90，180−125＝55，

180−(90＋55)＝35，180−35＝145

答え 145°

⑥180−150＝30，180−95＝85，

180−(30＋85)＝65，180−65＝115

答え 115°

ポイント

三角形の３つの角の大きさの和は180°です。

とき方

2 ②　二等辺三角形では２つの角の大きさが等しいので，Ⓘの角度は50°です。

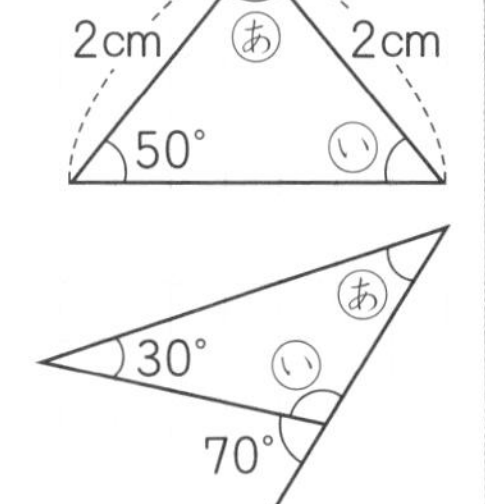

3 ①　一直線は180°なので，Ⓘの角度は，180−70＝110で，110°です。

19 角の大きさ ②

37・38 ページ

1 360°

2 ①360−(95＋115＋80)＝70　答え 70°

②360−(90＋95＋95)＝80　答え 80°

③360−(80＋85＋90)＝105　答え 105°

④360−(150＋46＋94)＝70　答え 70°

⑤180−125＝55，

360−(85＋120＋55)＝100　答え 100°

⑥180−89＝91，180−88＝92，

360−(91＋92＋45)＝132　答え 132°

3 540°

4 ①540－(95＋120＋90＋100)＝135

答え 135°

②540－(100＋123＋86＋87)＝144

答え 144°

5 720°

6 ①720－(100＋155＋145＋110＋95)＝115

答え 115°

②720－(85＋150＋134＋116＋145)＝90

答え 90°

ポイント

四角形の４つの角の大きさの和は360°です。

とき方

1 三角形２つ分だから，180×2＝360で，360°です。

2 ⑤ 一直線は180°なので，Ⓘの角度は，180－125＝55で，55°です。

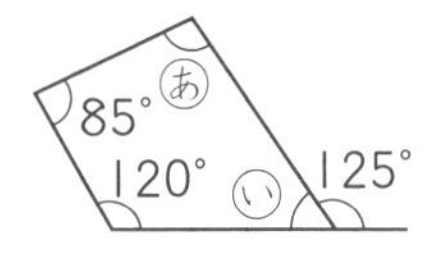

3 三角形３つ分だから，180×3＝540で，540°です。

5 三角形４つ分だから，180×4＝720で，720°です。

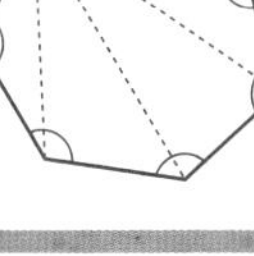

20 合同な図形 ① 39・40ページ

1 ㋕，㋗

2 ㋐と㋘，㋒と㋖，㋓と㋚，㋕と㋙

3 ①D ②E ③F

④DE ⑤EF

⑥FD ⑦D

⑧E ⑨F

4 ①B ②GF

③E ④2cm

⑤3cm ⑥60°

21 合同な図形 ② 41・42ページ

1 ①辺CD ②辺DA

③辺AC ④角エ

⑤角オ ⑥角カ

⑦いえる

2 三角形ABD，三角形CDB

3 ①三角形CDO

②三角形DAO

4 ①三角形CDB

〔または三角形DCA，三角形BAC〕

②三角形CDO

③三角形DAO

5 ①三角形CDB

②三角形ADO，三角形CBO，三角形CDO

6 ①三角形BCO，三角形CDO，三角形DAO

②三角形BCA，三角形CDB，三角形DAC

22 合同な図形 ③ 43・44ページ

1 ①

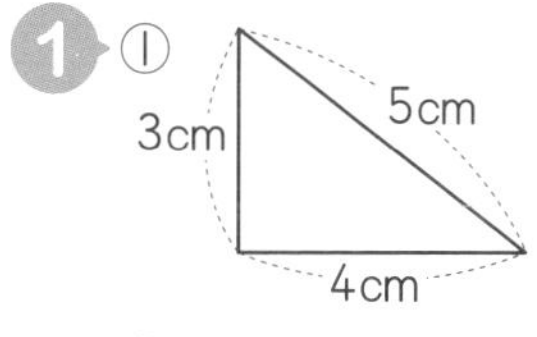

②

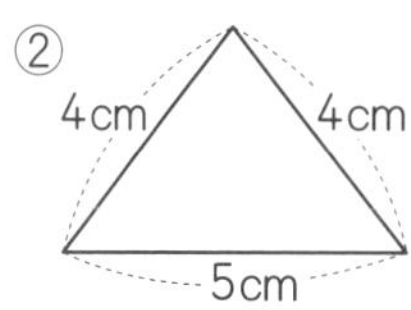

③

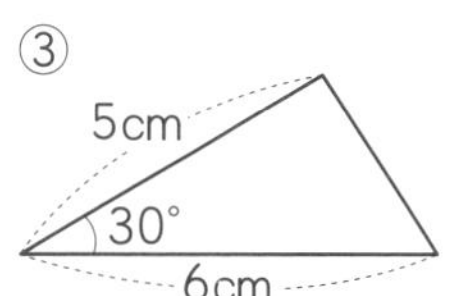

④

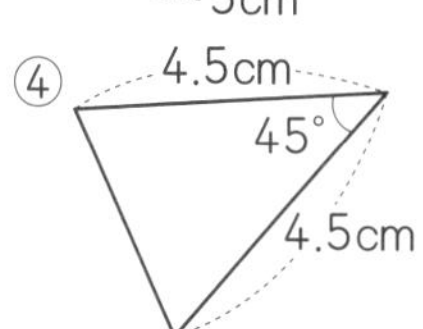

⑤

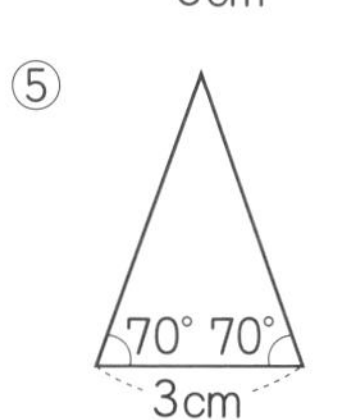

⑥

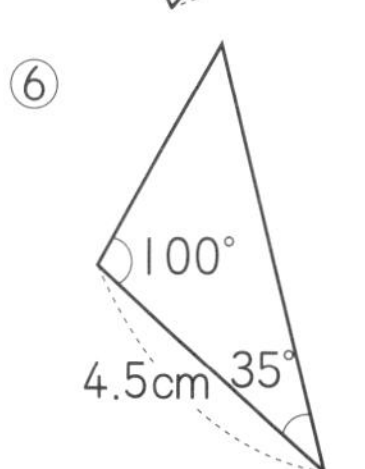

2 ※次のような辺の長さと角の大きさにかけているかたしかめましょう。

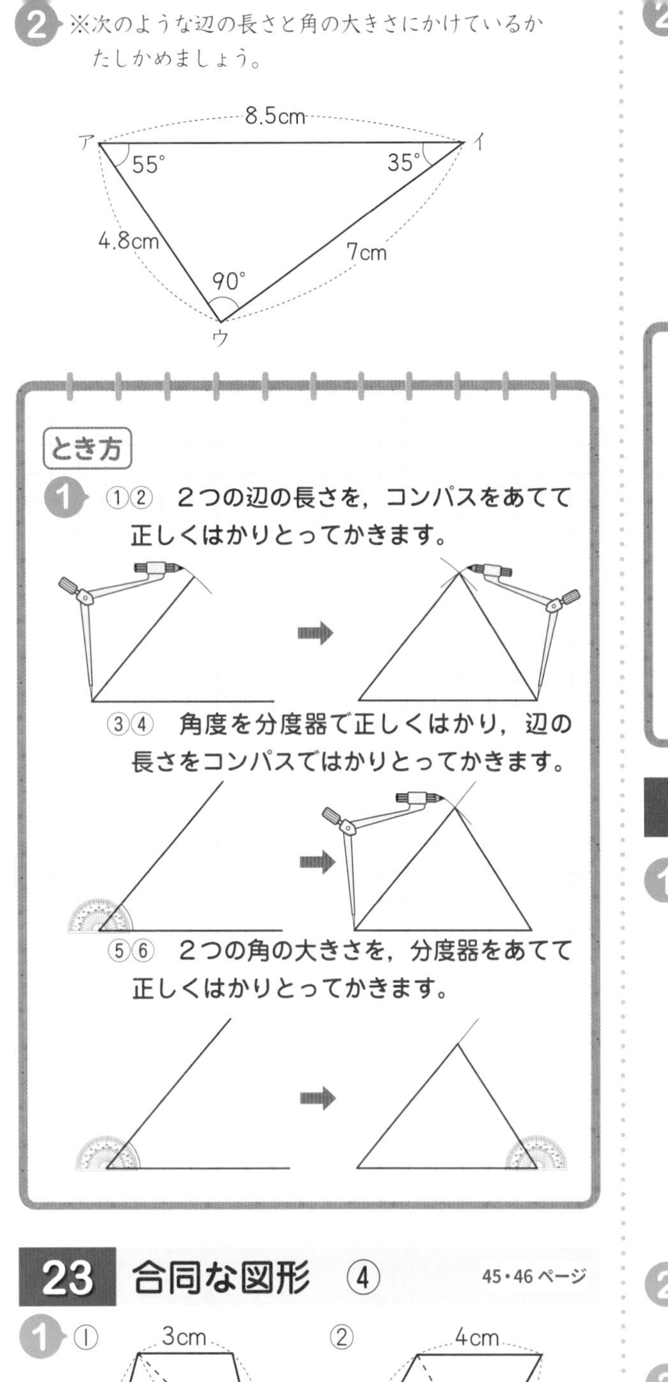

とき方

1 ①② 2つの辺の長さを，コンパスをあてて正しくはかりとってかきます。

③④ 角度を分度器で正しくはかり，辺の長さをコンパスではかりとってかきます。

⑤⑥ 2つの角の大きさを，分度器をあてて正しくはかりとってかきます。

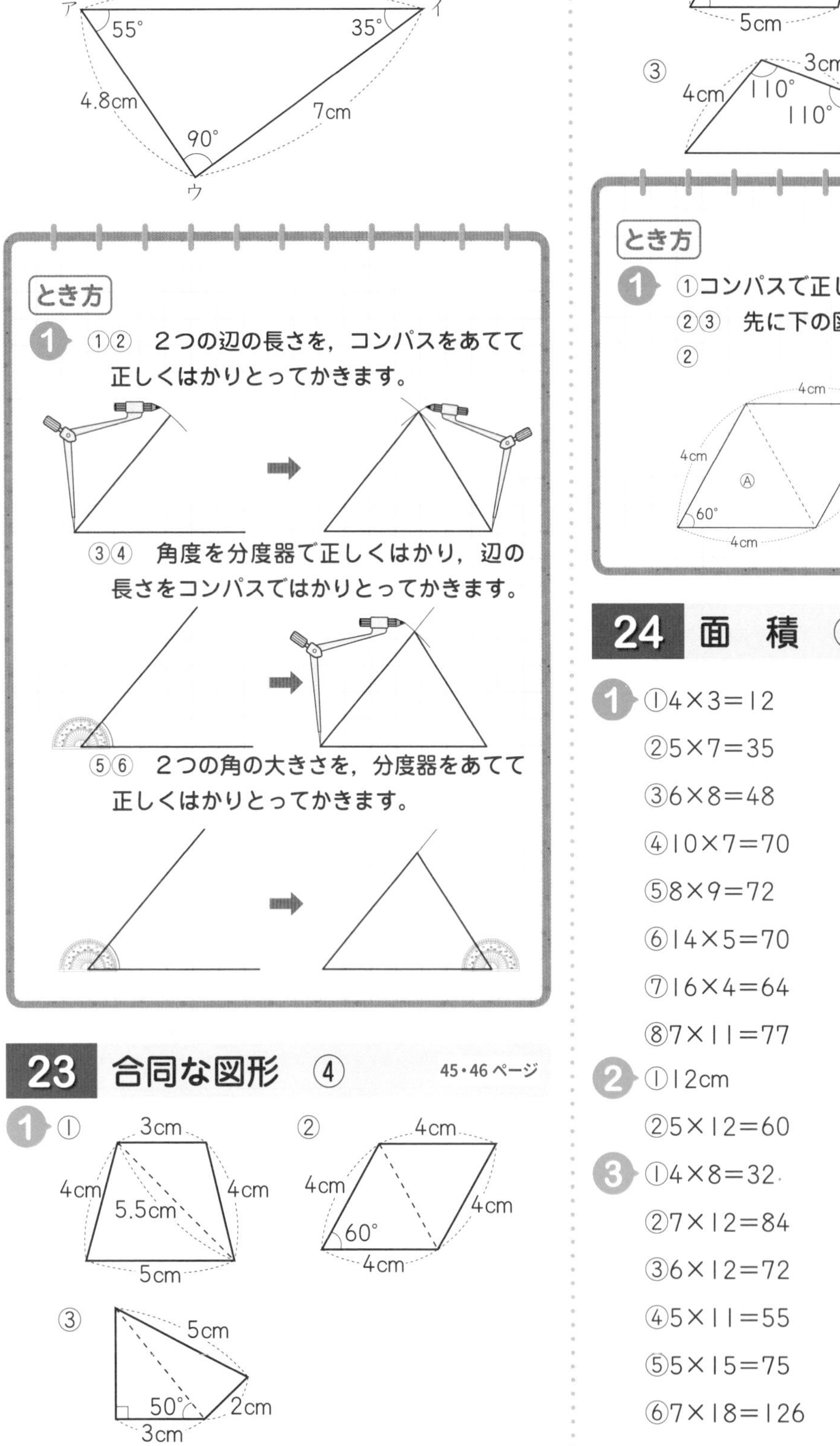

23 合同な図形 ④

45・46 ページ

1 ① ② ③

2 ① ② ③

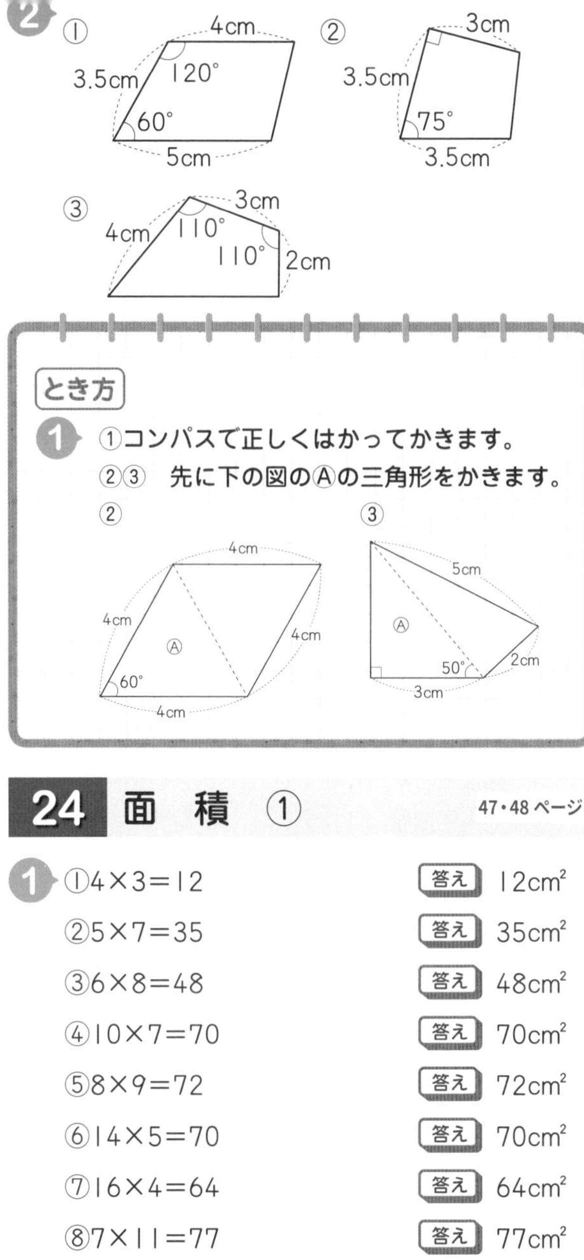

とき方

1 ①コンパスで正しくはかってかきます。

②③ 先に下の図のⒶの三角形をかきます。

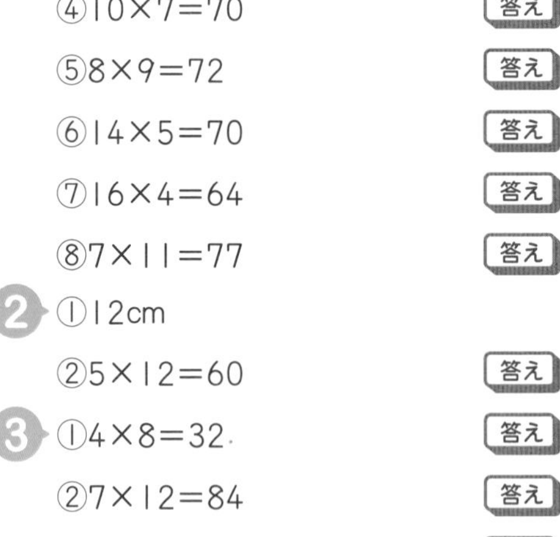

24 面 積 ①

47・48 ページ

1 ①4×3=12　答え 12cm²

②5×7=35　答え 35cm²

③6×8=48　答え 48cm²

④10×7=70　答え 70cm²

⑤8×9=72　答え 72cm²

⑥14×5=70　答え 70cm²

⑦16×4=64　答え 64cm²

⑧7×11=77　答え 77cm²

2 ①12cm

②5×12=60　答え 60cm²

3 ①4×8=32　答え 32cm²

②7×12=84　答え 84cm²

③6×12=72　答え 72cm²

④5×11=55　答え 55cm²

⑤5×15=75　答え 75cm²

⑥7×18=126　答え 126cm²

ポイント

平行四辺形の面積
＝底辺×高さ

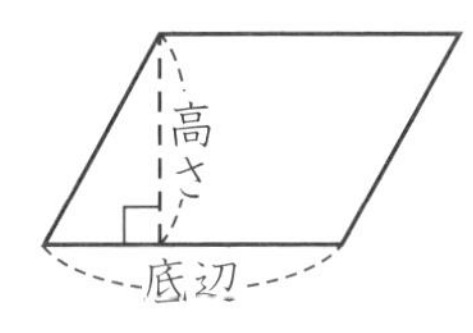

とき方

1 ⑤　高さは底辺に垂直(すいちょく)です。底辺は8cm，高さは9cmです。

3 ①　4cmの辺を底辺とすると，高さは8cmです。

25 面　積 ②

49・50ページ

1
①$4\times3\div2=6$　答え 6cm^2
②$5\times6\div2=15$　答え 15cm^2
③$4\times8\div2=16$　答え 16cm^2
④$7\times7\div2=24.5$　答え 24.5cm^2
⑤$10\times5\div2=25$　答え 25cm^2
⑥$12\times7\div2=42$　答え 42cm^2
⑦$16\times7\div2=56$　答え 56cm^2
⑧$11\times5\div2=27.5$　答え 27.5cm^2

2
①14cm
②$6\times14\div2=42$　答え 42cm^2

3
①$5\times8\div2=20$　答え 20cm^2
②$6\times7\div2=21$　答え 21cm^2
③$8\times12\div2=48$　答え 48cm^2
④$6\times15\div2=45$　答え 45cm^2
⑤$4\times9\div2=18$　答え 18cm^2
⑥$5\times11\div2=27.5$　答え 27.5cm^2

ポイント

三角形の面積
＝底辺×高さ÷2

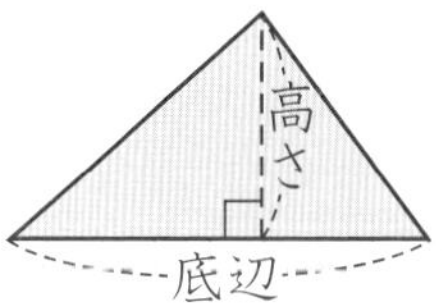

とき方

1 ⑤　高さは底辺に垂直(すいちょく)です。底辺は10cm，高さは5cmです。

3 ①　5cmの辺を底辺とすると，高さは8cmです。

26 面　積 ③

51・52ページ

1
①$8\times4\div2=16$　答え 16cm^2
②$6\times3\div2=9$　答え 9cm^2
③$16+9=25$　答え 25cm^2

2
①$10\times5\div2+9\times4\div2=43$　答え 43cm^2
②$8\times5\div2+12\times7\div2=62$　答え 62cm^2
③$10\times3\div2+10\times9\div2=60$　答え 60cm^2
④$15\times5\div2+15\times8\div2=97.5$　答え 97.5cm^2

3
①$8\times12-12\times8\div2=48$　答え 48cm^2
②$16\times10-16\times10\div2=80$　答え 80cm^2

4
①$8\times(4+2)\div2-8\times2\div2=16$　答え 16cm^2
②$12\times13\div2-12\times(13-8)\div2=48$　答え 48cm^2
③$15\times20-(20-18)\times15\div2-6\times20\div2$
$=225$　答え 225cm^2
④$14\times14-(14-8)\times14\div2-8\times7\div2$
$=126$　答え 126cm^2

5
①$3\times(5-1)=12$　答え 12cm^2
②$2\times(6-1)=10$　答え 10cm^2

とき方

3 ① たて8cm，横12cmの長方形の面積から，底辺12cm，高さ8cmの三角形の面積をひきます。

5 ① 白の部分を，はしに動かして考えます。

② はなれている部分を，くっつけて考えます。

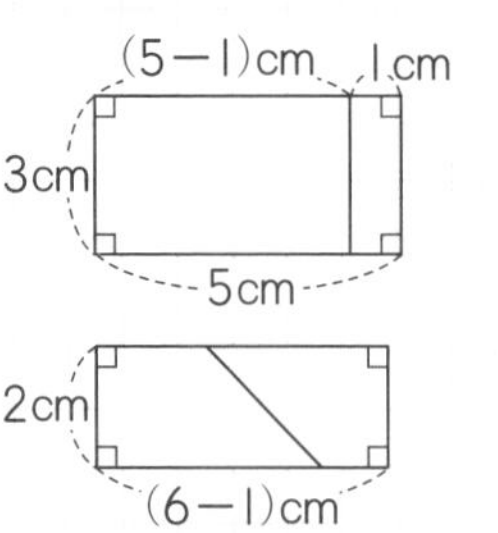

27 面　積　④

53・54 ページ

1 　9×6÷2＋3×6÷2＝36　答え 36cm²

2 ①8×6÷2＋4×6÷2＝36　答え 36cm²

②7×5÷2＋3×5÷2＝25　答え 25cm²

③6×5÷2＋2×5÷2＝20　答え 20cm²

④8×4÷2＋3×4÷2＝22　答え 22cm²

3 ① $\frac{1}{2}$

②12×6÷2＝36　答え 36cm²

4 ①(4＋8)×6÷2＝36　答え 36cm²

②(3＋9)×7÷2＝42　答え 42cm²

③(6＋11)×5÷2＝42.5　答え 42.5cm²

④(9＋4)×6÷2＝39　答え 39cm²

28 面　積　⑤

55・56 ページ

1 　8×3÷2＋8×3÷2＝24　答え 24cm²

2 ①10×3÷2＋10×3÷2＝30　答え 30cm²

②12×2÷2＋12×2÷2＝24　答え 24cm²

③6×6÷2＋6×6÷2＝36　答え 36cm²

④8×7÷2＋8×7÷2＝56　答え 56cm²

3 ① $\frac{1}{2}$　② $\frac{1}{2}$

③8×6÷2＝24　答え 24cm²

4 ①10×4÷2＝20　答え 20cm²

②12×6÷2＝36　答え 36cm²

③8×8÷2＝32　答え 32cm²

④7×10÷2＝35　答え 35cm²

29 面　積　⑥

57・58 ページ

1 ①(2＋4)×3÷2＝9　答え 9cm²

②(3＋5)×6÷2＝24　答え 24cm²

③(4＋12)×14÷2＝112　答え 112cm²

④(3＋4)×7÷2＝24.5　答え 24.5cm²

⑤(8＋16)×13÷2＝156　答え 156cm²

⑥(5＋7)×15÷2＝90　答え 90cm²

2 ①4×2÷2＝4　答え 4cm²

②5×4÷2＝10　答え 10cm²

③4×6÷2＝12　答え 12cm²

④12×5÷2＝30　答え 30cm²

⑤9×9÷2＝40.5　答え 40.5cm²

⑥7×7÷2＝24.5　答え 24.5cm²

ポイント

台形の面積
＝(上底＋下底)×高さ÷2

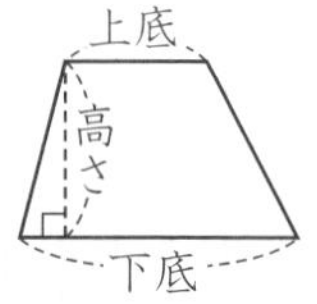

ひし形の面積
＝対角線×対角線÷2

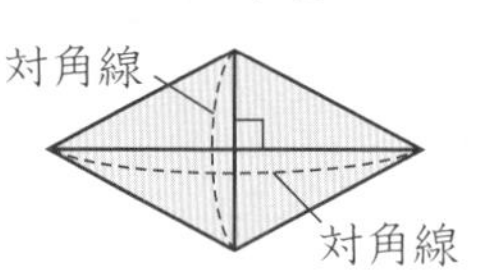

とき方

1 ③ 上底は4cm，下底は12cm，高さは14cmです。

30 いろいろな図形　59・60 ページ

1 ①正六角形　②正五角形　③正八角形
④正十角形

2

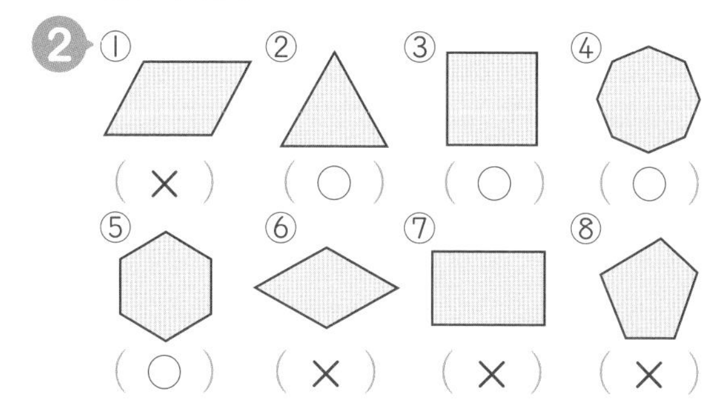

3 ①360÷6＝60　答え 60°
②360÷8＝45　答え 45°
③360÷5＝72　答え 72°
④360÷10＝36　答え 36°

4

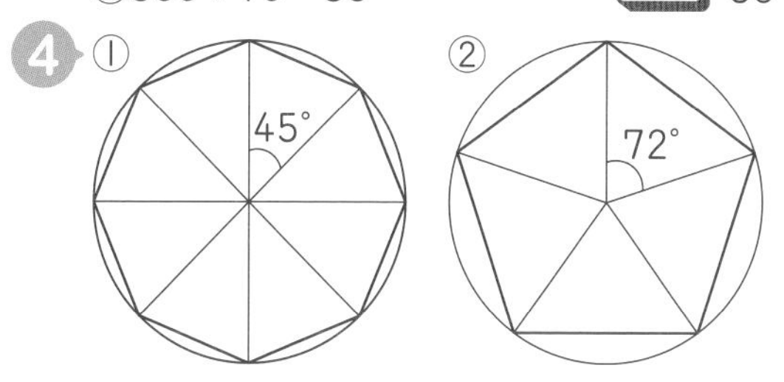

とき方

4 ①　中心を８つに分けた１つの角が45°になります。
②　中心を５つに分けた１つの角が72°になります。

31 円　61・62 ページ

1 ①3×3.14＝9.42　答え 9.42cm
②5×3.14＝15.7　答え 15.7cm
③10×3.14＝31.4　答え 31.4cm
④2×2＝4，4×3.14＝12.56
答え 12.56cm
⑤4×2＝8，8×3.14＝25.12
答え 25.12cm
⑥4.5×2＝9，9×3.14＝28.26
答え 28.26cm

2 ①6×3.14＝18.84　答え 18.84cm
②7×2×3.14＝43.96　答え 43.96cm
③4.2×3.14＝13.188　答え 13.188cm
④10×3.14÷2＋10＝25.7　答え 25.7cm
⑤10×3.14＋10＝41.4　答え 41.4cm
⑥10×3.14＋20×2＝71.4　答え 71.4cm
⑦10×3.14÷2＋10×3＝45.7
答え 45.7cm
⑧20×3.14＋20×2＝102.8
答え 102.8cm

ポイント

円周＝直径×3.14

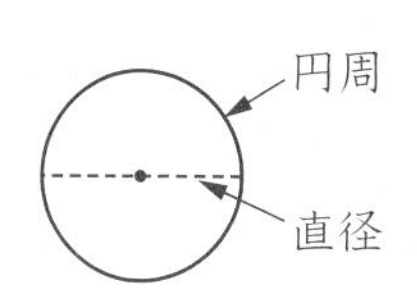

とき方

1 ④　直径＝半径×２より，直径の長さは２×２＝４(cm)です。

2 ④　直径10cmの円の円周の半分と，直径の10cmをあわせた長さです。
⑦　直径10cmの円の円周の半分と，直線部分10×３(cm)をあわせた長さです。

32 角柱と円柱 ①　63・64 ページ

1 ①三角柱　②四角柱　③五角柱
④六角柱　⑤四角柱　⑥円柱
⑦三角柱　⑧円柱　⑨円柱
⑩三角柱　⑪円柱　⑫五角柱

2 ①三角形
②２つ
③長方形
④３つ
⑤６つ

3 ①六角形

②2つ

③長方形

④6つ

⑤12

4 ①形…円，数…2つ

②曲面

33 角柱と円柱 ② 65・66ページ

1 ①辺AD，辺AB，辺AC，辺DE，辺DF

②点G，点J

③点H，点I

④辺GB

⑤辺JI

⑥AB…3cm，GH…6cm，

DF…4cm，FI…4cm

⑦6cm

2 ①側面

②円周

③AB…8cm，AD…31.4cm

④8cm

3 ㋐，㋒，㋓，㋔

とき方

1 てん開図を組み立てると，右の図のようになります。

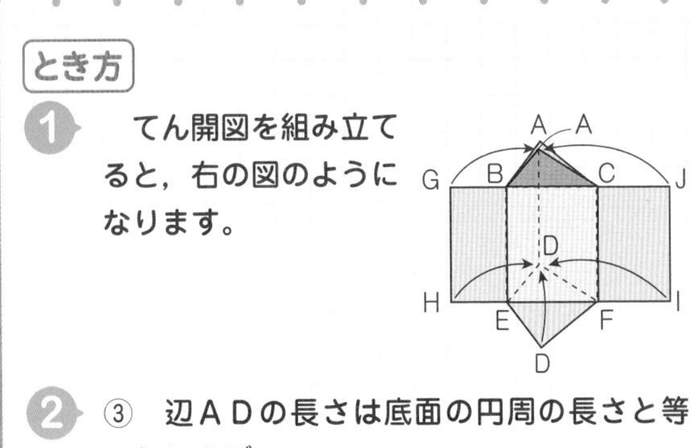

2 ③ 辺ADの長さは底面の円周の長さと等しいので，

$5\times2\times3.14=31.4$(cm)。

3 ㋑と㋕は，三角形の2つの面が重なります。

34 角柱と円柱 ③ 67・68ページ

1 〈答えの例〉

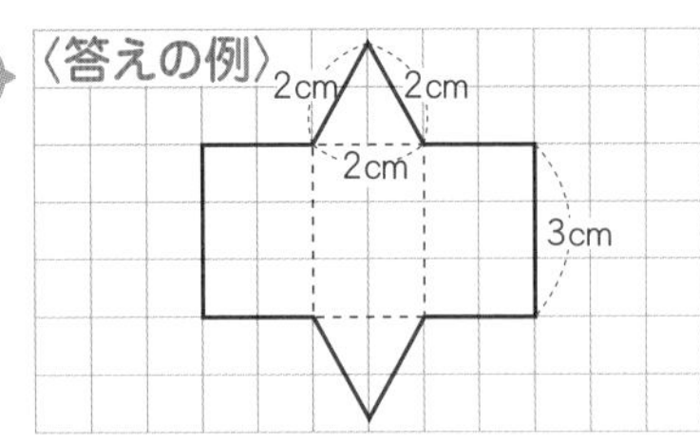

2 〈答えの例〉

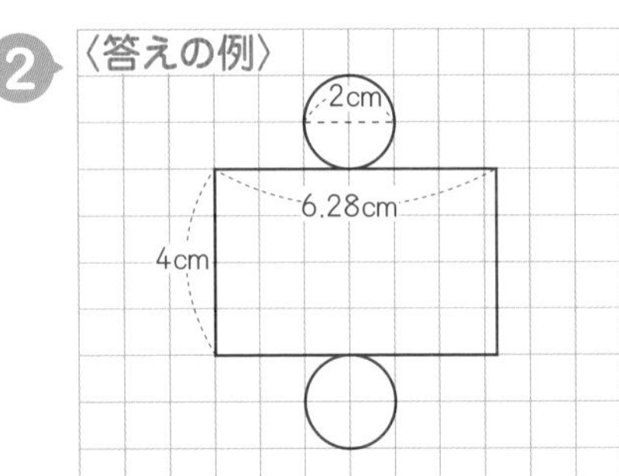

3 ①〈答えの例〉 ②〈答えの例〉

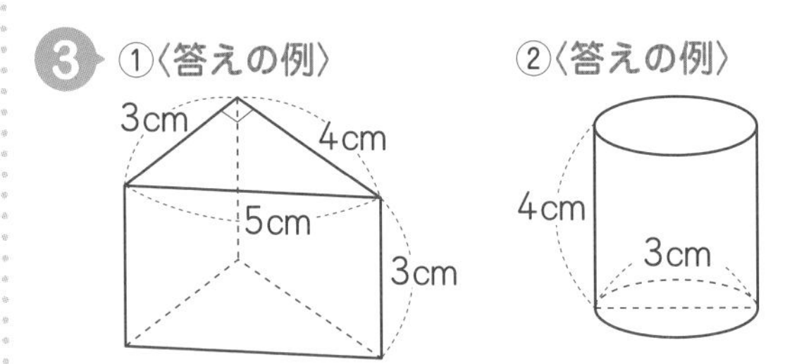

4 〈答えの例〉

（見取図） （てん開図）

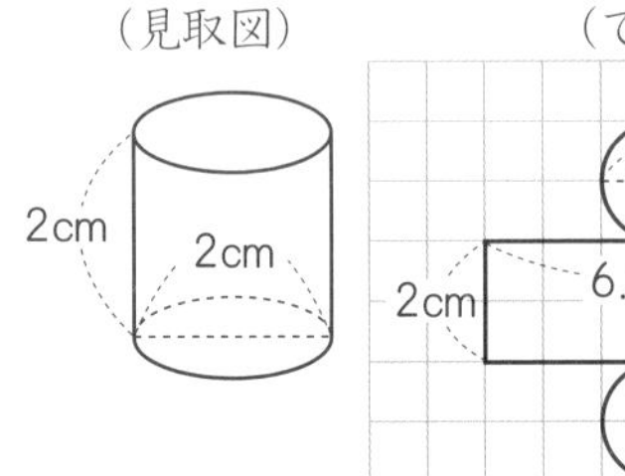

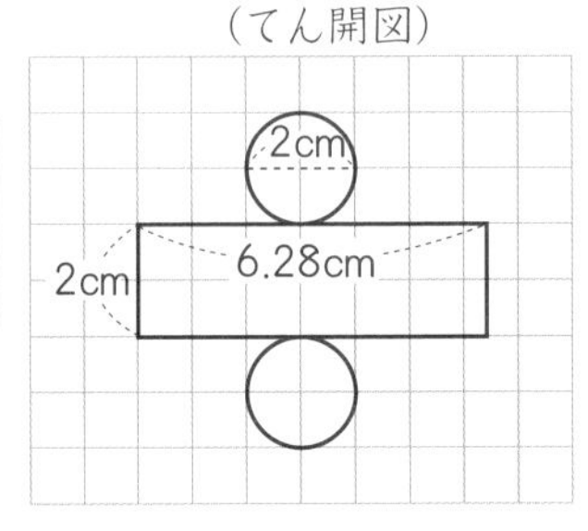

35 体　積 ① 69・70ページ

1 ① 1 cm^3 ② 2 cm^3 ③ 2 cm^3

④ 3 cm^3 ⑤ 3 cm^3

⑥ 4 cm^3 ⑦ 4 cm^3

⑧ 6 cm^3 ⑨ 6 cm^3

⑩ 6 cm^3 ⑪ 8 cm^3

2 ① 5 cm^3 ② 8 cm^3

③ 9 cm^3 ④ 3 cm^3

⑤ 6 cm^3　⑥12cm^3

⑦24cm^3　⑧40cm^3

36 体　積　②

71・72 ページ

1 ①1×2×3=6　答え 6cm^3

②3×5×4=60　答え 60cm^3

③12×6×8=576　答え 576cm^3

④3×3×3=27　答え 27cm^3

2 ①7×2×5=70　答え 70m^3

②2×2×2=8　答え 8 m^3

3 ①1.5×2×1=3　答え 3 m^3

②1.2×0.5×3=1.8　答え 1.8m^3

4 ①100×50×50=250000

答え 250000cm^3

②70×100×50=350000

答え 350000cm^3

③100×30×90=270000

答え 270000cm^3

④130×200×100=2600000

答え 2600000cm^3

⑤50×50×150=375000

答え 375000cm^3

⑥60×120×180=1296000

答え 1296000cm^3

ポイント

直方体の体積
=たて×横×高さ

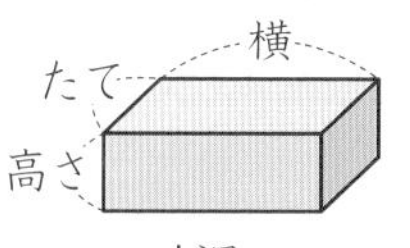

立方体の体積
=1辺×1辺×1辺

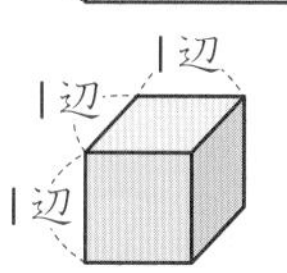

とき方

4 長さの単位をcmにそろえて計算します。

37 体　積　③

73・74 ページ

1 ①1×1×1+2×3×1=1+6=7

答え 7cm^3

②2×1×2+2×4×2=4+16=20

答え 20cm^3

③6×2×3+2×2×3=36+12=48

答え 48cm^3

④4×12×3+9×3×3=144+81=225

答え 225cm^3

⑤9×6×3+9×2×1=162+18=180

答え 180cm^3

2 ①5×5×4−2×2×2=100−8=92

答え 92cm^3

②4×8×5−4×3×3=160−36=124

答え 124cm^3

③10×10×5−3×3×5=500−45=455

答え 455cm^3

④14×9×4−10×2×4=504−80=424

答え 424cm^3

⑤8×8×2−(2×2×2)×2=128−16=112

答え 112cm^3

ポイント

ふくざつな形の体積は，直方体，立方体の形をもとにして考えます。

とき方

1 ④　右のように，2つの直方体に分けて考えます。

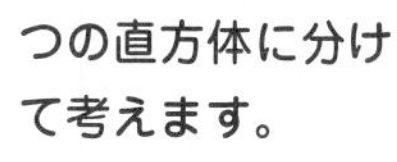

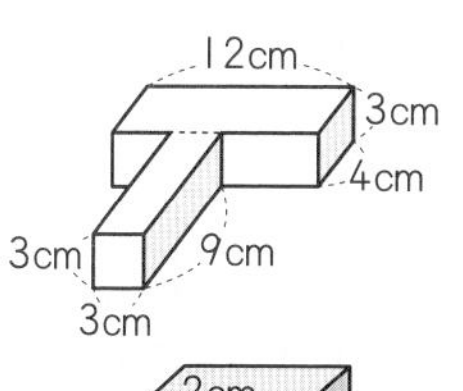

2 ①　右のように，大きな直方体から点線の部分をひいて考えます。

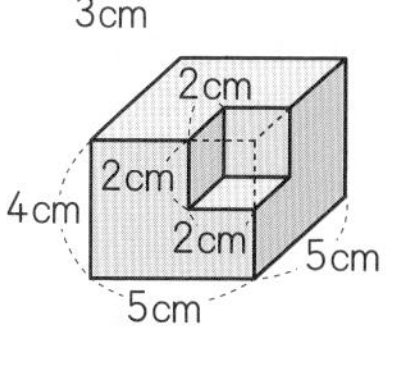

38 体　積　④　75・76ページ

1
①1000000　⑩1
②2000000　⑪3
③5000000　⑫7
④10000000　⑬10
⑤1000　⑭1
⑥2000　⑮3
⑦4000　⑯7
⑧1　⑰1
⑨200　⑱15

2 ①cm^3　②cm^3
③1(m^3)または1000(L)

3 ①(左から)$\frac{1}{1000}$，1000　②1000倍

39 体　積　⑤　77・78ページ

1 2×3×4=24　答え 24cm^3

2 ①(内のりのたての長さ)5−2=3
(内のりの横の長さ)4−2=2
(深さ)6−1=5
(容積(ようせき))3×2×5=30　答え 30cm^3
②(内のりのたての長さ)7−2=5
(内のりの横の長さ)6−2=4
(深さ)5−1=4
(容積(ようせき))5×4×4=80　答え 80cm^3
③8−2=6，7−1=6
6×6×6=216　答え 216cm^3

3 ①6×10×6=360　答え 360cm^3
②8×2×12=192　答え 192cm^3
③15×20×5=1500　答え 1500cm^3
④4−2=2，3−2=1，12−1=11
2×1×11=22　答え 22cm^3
⑤2×2×2=8　答え 8cm^3
⑥4×5×3=60　答え 60cm^3
⑦20−4=16，30−4=26，7−2=5
16×26×5=2080　答え 2080cm^3
⑧40−10=30，50−10=40，30−5=25
30×40×25=30000　答え 30000cm^3

とき方

2 入れ物の大きさから板のあつさをひいて，内のりのたて，内のりの横，深さを求めます。

40 平(へい)　均(きん)　①　79・80ページ

1 ①80+60=140　答え 140mL
②140÷2=70　答え 70mL

2 ①80+40+60=180　答え 180mL
②180÷3=60　答え 60mL

3 180+120+150=450
450÷3=150　答え 150mL

4 ①100+75+90+85+50=400
答え 400mL
②400÷5=80　答え 80mL

5 140+180+200+190+160=870
870÷5=174　答え 174mL

6 5+4+0+8+7=24
24÷5=4.8　答え 4.8さつ

ポイント

平均(へいきん)=合計÷個数(こすう)

とき方

6 0さつの水曜日もふくめて計算します。

41 平均（へいきん） ② 81・82ページ

1 6m30cm＝6.3m

6.3÷10＝0.63 答え 0.63m

2 ①6.52＋6.18＋6.5＝19.2

19.2÷3＝6.4 答え 6.4m

②6.4÷10＝0.64 答え 0.64m

3 4.52＋4.87＋4.36＋4.48＋4.77＝23

23÷5＝4.6，4.6÷10＝0.46

答え 0.46m

4 ①6.14＋5.94＋6.22＝18.3

18.3÷3＝6.1，6.1÷10＝0.61

答え 0.61m

②0.61×97＝59.17 答え 約59m

5 ①4.56＋4.69＋4.81＋4.92＋4.52＝23.5

23.5÷5＝4.7，4.7÷10＝0.47

答え 0.47m

②0.47×205＝96.35 答え 約96m

とき方

2 ② 10歩の長さの3回の平均（へいきん）を10でわったものが，歩はばになります。

4 ② 歩はばに歩数をかけて求めます。問題文が「四捨五入（ししゃごにゅう）して整数で求めましょう。」なので，答えの$\frac{1}{10}$の位を四捨五入（ししゃごにゅう）します。

42 単位量あたりの大きさ ① 83・84ページ

1 ①B

②B

③(A)6÷5＝1.2 答え 1.2わ

(C)8÷6＝1.33… 答え 1.3わ

④多いほう

⑤(A)5÷6＝0.833… 答え 0.83m²

(C)6÷8＝0.75 答え 0.75m²

⑥せまいほう

⑦C

2 ①(東公園)56÷140＝0.4 答え 0.4人

(西公園)90÷200＝0.45 答え 0.45人

②(東公園)140÷56＝2.5 答え 2.5m²

(西公園)200÷90＝2.22… 答え 2.2m²

③西公園

3 ①(徳島（とくしま）県)740000÷4147＝178.4…

答え 178人

(愛媛（えひめ）県)1350000÷5678＝237.7…

答え 238人

②愛媛県 ※ひらがなで書いても正かいです。

とき方

1 ① AとBは面積が同じで，Bのほうがにわとりの数が多いです。

② BとCはにわとりの数が同じで，Bのほうが面積がせまいです。

⑦ 1m²あたりのにわとりの数が多く，にわとり1わあたりの面積がせまいCのほうがこんでいます。

3 ① 人口密度（みつど）＝人口(人)÷面積(km²)

43 単位量あたりの大きさ ② 85・86ページ

1 ①(A小学校)30÷12＝2.5 答え 2.5kg

(B小学校)42÷15＝2.8 答え 2.8kg

②B小学校

2 (赤いテープ)200÷8＝25

(白いテープ)130÷5＝26 答え 赤いテープ

3 (自動車A)108÷12＝9

(自動車B)152÷16＝9.5 答え 自動車B

4 ①45×12＝540 答え 540円

②45×□＝900

□＝900÷45＝20 答え 20m

5 ①15×32＝480 答え 480km

②630÷15＝42 答え 42L

6 ①0.5×8.4＝4.2　答え 4.2kg

②1.6÷0.5＝3.2　答え 3.2m²

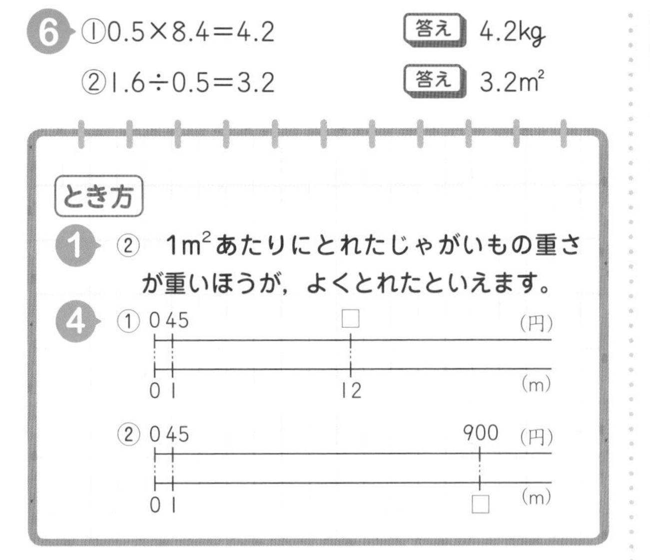

とき方

1 ②　$1m^2$あたりにとれたじゃがいもの重さが重いほうが，よくとれたといえます。

4

44 速　さ ①

87・88 ページ

1 ①ゆうた　②まさと

③(ゆうた)15÷3＝5　答え 5km

(まさと)12÷2＝6　答え 6km

④長いほう

⑤(ゆうた)3÷15＝0.2　答え 0.2時間

(まさと)2÷12＝0.166…　答え 0.17時間

⑥短いほう　⑦まさと

2 ①(A)130÷2＝65　答え 65km

(B)180÷3＝60　答え 60km

②A

3 ①150÷2＝75　答え 時速75km

②3600÷15＝240　答え 分速240m

③160÷5＝32　答え 秒速32m

ポイント

速さ＝道のり÷時間

とき方

1 　同じ時間では，歩いたきょりが長いほうが速いです。同じきょりでは，かかった時間が短いほうが速いです。

45 速　さ ②

89・90 ページ

1 60×3＝180　答え 180km

2 ①75×3＝225　答え 225km

②150×8＝1200　答え 1200m

③280×20＝5600　答え 5600m

3 ①100÷50＝2　答え 2時間

②250÷50＝5　答え 5時間

4 ①260÷65＝4　答え 4時間

②900÷180＝5　答え 5分

③540÷12＝45　答え 45秒

5 ①60分

②72km＝72000m，72000÷60＝1200

答え 分速1200m

③3600秒

④72000÷3600＝20　答え 秒速20m

〔または1200÷60＝20〕

6 ①15×60＝900　答え 分速900m

②900×60＝54000　答え 時速54000m

〔または15×3600＝54000〕

③時速54km

ポイント

道のり＝速さ×時間
時間＝道のり÷速さ

とき方

5 ②　単位をmになおして求めます。
1km＝1000mより，
72km＝72000mです。
③　1時間＝60分，1分＝60秒より，
1時間＝60×60(秒)です。

46 比(ひ)例(れい) ①

91・92 ページ

1 ①(左から) 9, 11, 13, 15

②21本

2 ①(左から) 16, 20, 24, 28

②4倍

3 ①(左から) 120, 160, 200, 240, 280, 320, 360

②2, 3, 比例

③40倍

④40

とき方

1 ②

三角形の数	1	2	3	4	5	6	7	8	9	10
マッチぼうの数(本)	3	5	7	9	11	13	15	17	19	21

3 ④ 代金＝1mのねだん×長さ

47 比(ひ)例(れい) ②

93・94 ページ

1 ①(左から) 4, 6, 8, 10, 12 ○

②(左から) 4, 5, 6, 7 ×

③(左から) 240, 320, 400, 480 ○

④(左から) 8, 6, 4.8, 4 ×

2 ①(左から) 45, 60, 75, 90, 105, 120, 135,
△＝15×○

②(左から) 12, 16, 20, 24, 28, 32, 36,
△＝4×○

③(左から) 54, 72, 90, 108, 126, 144, 162,
△＝18×○

④(左から) 5, 10, 15, 20, 25, 30, 35, 40, 45,
△＝5×○

とき方

1 ① 時間が2倍，3倍，…になると，水の量も2倍，3倍，…になっているので，比例しています。

② 母の年れいが1つふえると，子の年れいも1つふえるという関係なので，比例していません。

④ 本数が2倍，3倍，…になっても，テープの長さは2倍，3倍，…にならないので，比例していません。

48 割合(わりあい)とグラフ ①

95・96 ページ

1 ①(5年生) 3÷10＝0.3, (6年生) 7÷10＝0.7

②3÷5＝0.6, 2÷5＝0.4

③1÷5＝0.2, 4÷5＝0.8

④1÷4＝0.25, 3÷4＝0.75

⑤6÷15＝0.4, 9÷15＝0.6

2 ①25÷50＝0.5 答え 0.5

②10÷50＝0.2 答え 0.2

③5÷50＝0.1 答え 0.1

④15÷50＝0.3 答え 0.3

⑤8÷50＝0.16 答え 0.16

⑥4÷50＝0.08 答え 0.08

⑦2÷50＝0.04 答え 0.04

⑧1÷50＝0.02 答え 0.02

3 ①10÷25＝0.4 答え 0.4

②6÷25＝0.24 答え 0.24

③9÷25＝0.36 答え 0.36

4 ①9÷20＝0.45 答え 0.45

②4÷20＝0.2 答え 0.2

③7÷20＝0.35 答え 0.35

49 割合とグラフ ②　97・98ページ

1 ①4%　②9%　③16%　④45%
⑤50%　⑥100%　⑦109%　⑧200%
⑨0.6%　⑩80.7%

2 ①0.03　②0.09　③0.12　④0.6
⑤0.97　⑥1　⑦2.5　⑧3.07
⑨0.008　⑩0.602

3 ①2割　②8割　③3分　④5厘
⑤4割8分6厘　⑥2割5分　⑦7割5分
⑧8分7厘　⑨8割4厘　⑩30割

4 ①0.6　②0.2　③0.05　④0.008
⑤0.375　⑥0.42　⑦0.26　⑧0.073
⑨0.805　⑩4

50 割合とグラフ ③　99・100ページ

1 ①40%　②30%　③20%　④10%
⑤2倍　⑥$\frac{1}{3}$

2 ①60%　②20%　③15%　④5%　⑤4倍
⑥$\frac{1}{3}$

3 ①46%　②33%　③6%　④3%
⑤11倍

4 ①42%　②27%　③13%　④18%　⑤約$\frac{1}{2}$

とき方

1 ②　帯グラフの40%から70%までがトラックの台数の割合です。
70－40＝30(%)
⑤　乗用車は40%，自転車は20%なので，
40÷20＝2(倍)
⑥　バスは10%，トラックは30%なので，
バスはトラックの$\frac{10}{30}=\frac{1}{3}$

51 割合とグラフ ④　101・102ページ

1 ①60%　②20%　③10%　④10%　⑤6倍
⑥$\frac{1}{2}$

2 ①55%　②30%　③10%　④5%　⑤6倍
⑥$\frac{1}{3}$

3 ①47%　②25%　③13%　④15%
⑤約2倍

4 ①42%　②30%　③12%　④8%　⑤約$\frac{1}{5}$

52 割合とグラフ ⑤　103・104ページ

1 ①東区　[22]÷[50]×100＝[44](%)
西区　[13]÷[50]×100＝[26](%)
南区　[8]÷[50]×100＝[16](%)
北区　[7]÷[50]×100＝[14](%)
②100%
③(東区)44，(西区)26，(南区)16，(北区)14
(合計)100

2 ①(ジェットコースター)45，(ゴーカート)30，
(メリーゴーラウンド)15，(パラシュート)10，
(合計)100
②(東京)34，(埼玉)32，(千葉)20，
(神奈川)14，(合計)100

3 ①運動場　[17]÷[40]×100＝[43](%)
体育館　[14]÷[40]×100＝[35](%)
ろう下　[5]÷[40]×100＝[13](%)
教　室　[4]÷[40]×100＝[10](%)
②101%
③[運動場]の百分率を[42]%にする。
④(運動場)42，(体育館)35，(ろう下)13，
(教室)10，(合計)100

4 ①(コーヒー)37，(こう茶)26，(ジュース)21，
(ココア)16，(合計)100

②(童話)40，(文学)30，(科学)18，(社会)8，(ざっし)4，(合計)100

とき方

2 ①　ジェットコースターの百分率は，
36÷80×100＝45(%)

4 ①　合計が99%になるので，100%にするために，いちばん大きい「コーヒー」の36%に1%たします。

53 割合とグラフ ⑥

105・106ページ

1 ①

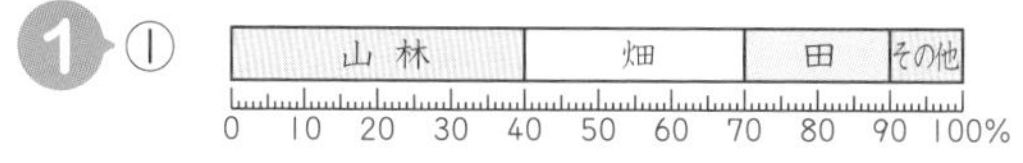

②

その他
鉄こう
化学
せんい
0 10 20 30 40 50 60 70 80 90 100%

③

ししつ
その他
たんぱくしつ
炭水化物
水分
0 10 20 30 40 50 60 70 80 90 100%

2 ①(読み物)36，(社会)32，(理科)21，(その他)11，(合計)100

②

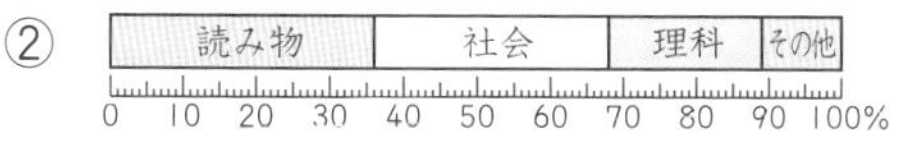

3 ①　②

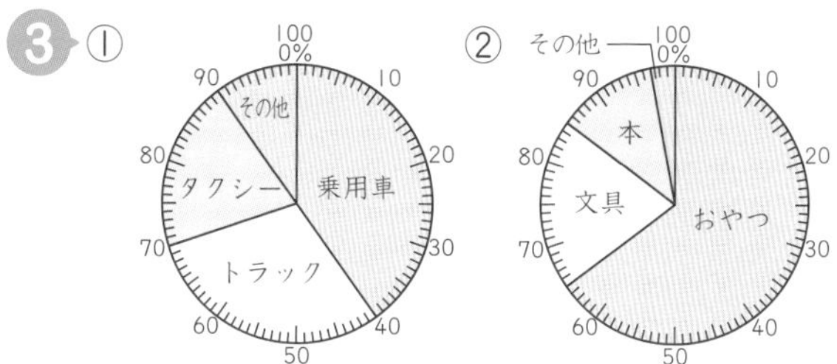

③

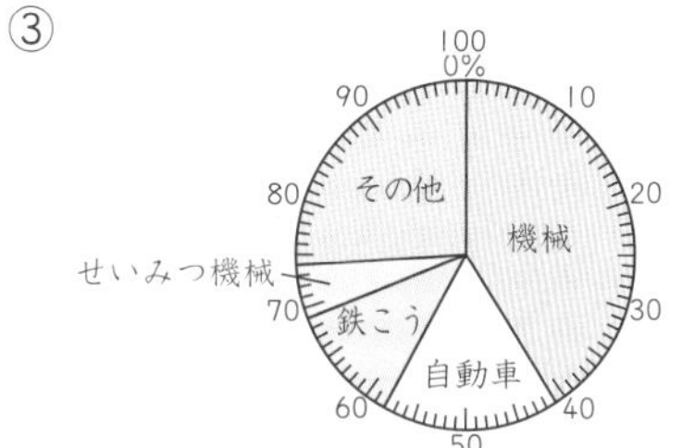

4 ①(衣料品店)33，
(食料品店)24，
(電気せい品店)19，
(家具店)3，
(その他)21，
(合計)100

②

その他
衣料品店
家具店
電気せい品店
食料品店

ポイント

百分率の合計がちょうど100%にならないときは，計算した百分率のいちばん大きいところで1%ひいたり，たしたりして，ちょうど100%にします。

とき方

2 ①　合計が101%になるので，100%にするために，いちばん大きい「読み物」の37%から1%ひきます。

54 割合とグラフ ⑦

107・108ページ

1 ①20年前…36%，現在…25%
②住居費，光熱費，交通・通信費，その他
③食費，衣服費

2 ①1980年…14%，2000年…22%
2018年…8%
②せんい　③機械

3 ①電気　②鉄こう

4 ①肉…6番め，魚…1番め
②国…F国，
肉と魚をあわせた消費量…345g
③2か国　④3か国

55 しんだんテスト ①

109・110ページ

1 ①234，324，342，432　②243

2 ①12　②6　③12　④24

3 ①$\frac{1}{3}$　②$\frac{2}{5}$　③$\frac{3}{4}$　④$\frac{1}{4}$

4 三角形ABDと三角形CDB

5 7×7×4−2×2×4＝180　答え　180cm^3

6 ①14×8＝112　答え　112cm^2
②16×12÷2＝96　答え　96cm^2

7 ①ア45　イ19

②

ある食品の成分の割合（わりあい）　その他

炭水化物	たんぱくしつ	ししつ	

0　10　20　30　40　50　60　70　80　90　100%

とき方

7 ①　合計が99%になるので，100%にするために，いちばん大きい「炭水化物」の44%に1%たします。

56 しんだんテスト ②　111・112 ページ

1 ①45.3　②3207　③6.53　④1.323

2 ①4　②15　③6　④8

3 ① $\left(\frac{9}{12}, \frac{10}{12}\right)$　② $\left(\frac{28}{20}, \frac{25}{20}\right)$

4 ①180－(28＋60)＝92　答え 92°

②180－(32＋85)＝63

180－63＝117　答え 117°

③360－(82＋68＋65)＝145

答え 145°

5 ①7×3.14＝21.98　答え 21.98cm

②20×3.14÷2＋20×3＝91.4

答え 91.4cm

6 ①円柱　②円，2つ

7 93＋102＋88＋95＋109＝487

487÷5＝97.4　答え 97.4g

8 1170÷13＝90，1410÷15＝94

答え リボンB

57 しんだんテスト ③　113・114 ページ

1 偶数　4，26，58，172，230

奇数　9，15，41，67，103

2 ① $\frac{5}{8}$　② $\frac{5}{4}$

3 ① $\frac{9}{10}$　② $\frac{27}{100}$　③ $\frac{17}{10}$　④ $\frac{203}{100}$

4

5cm　30°　5cm

5 (7＋14)×14÷2＝147　答え 147cm²

6 ①1000000　②1000　③1　④1

7 （左から）6，9，12，15，18，21，24，27

△＝3×○

8 ①48%　②25%　③約2倍

58 しんだんテスト ④　115・116 ページ

1 ①0.45　②0.07　③0.6　④2.011

2 ①0.6　②0.25　③2.5　④0.375

3 ①0.12　②2.5　③0.35　④2.2

4 3×(8－1)＝21　答え 21cm²

5 42km＝42000m

42000÷60＝700　答え 分速700m

6 ①180×2＝360

360－(114＋85＋71)＝90　答え 90°

②180×3＝540

540－(87＋122＋100＋100)＝131

答え 131°

7 〈答えの例〉

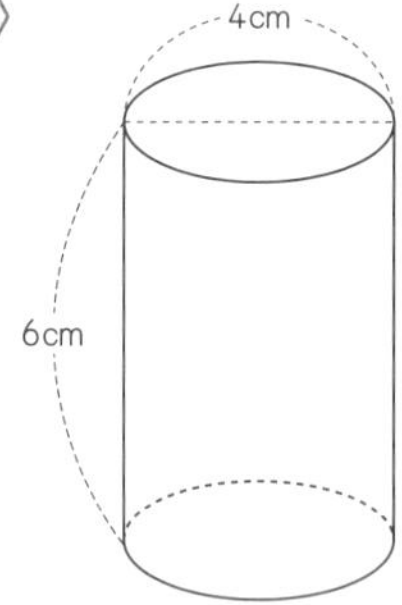

8 ①（青森県）1260000÷9607＝131.1…

答え 131人

②（宮崎県（みやざき））1080000÷7735＝139.6…

答え 140人